受载含瓦斯煤渗流特性及其应用研究

李 波 / 著

U0324106

Shouzai Han Wasi Mei
Shenliu Texing Jiqi Yingyong Yanjiu

中国矿业大学出版社
·徐州·

内 容 提 要

本书主要内容包括受载含瓦斯煤渗流实验平台搭建、受载含瓦斯煤渗流特性实验研究、受载含瓦斯煤有效应力方程及渗透率演化模型、动压巷道煤体流-固耦合模型及瓦斯渗流规律、现场工程验证等。所述内容具前瞻性、先进性和适用性。

本书可供安全工程及相关专业的科研及工程技术人员参考使用。

图书在版编目(C I P)数据

受载含瓦斯煤渗流特性及其应用研究 / 李波著. —
徐州：中国矿业大学出版社，2020.7
ISBN 978 - 7 - 5646 - 2340 - 1

Ⅰ.①受… Ⅱ.①李… Ⅲ.①瓦斯渗透－研究 Ⅳ.
①TD712

中国版本图书馆 CIP 数据核字(2019)第247375号

书　　　名	受载含瓦斯煤渗流特性及其应用研究
著　　　者	李　波
责任编辑	王美柱　杨　洋
出版发行	中国矿业大学出版社有限责任公司
	(江苏省徐州市解放南路　邮编221008)
营销热线	(0516)83884103　83885105
出版服务	(0516)83995789　83884920
网　　　址	http://www.cumtp.com　E-mail:cumtpvip@cumtp.com
印　　　刷	江苏淮阴新华印务有限公司
开　　　本	787 mm×1092 mm　1/16　印张 6.75　字数 168 千字
版次印次	2020 年 7 月第 1 版　2020 年 7 月第 1 次印刷
定　　　价	40.00 元

(图书出现印装质量问题,本社负责调换)

前　言

　　瓦斯异常涌出和煤与瓦斯突出事故是在多场耦合作用下煤体失稳破坏而引发的动力灾害。而渗透率作为评价煤层中瓦斯流动难易程度的指标,与煤层瓦斯多场耦合模型共同成为煤层内瓦斯运移规律研究中最重要也最基础的关键问题。本书利用河南理工大学瓦斯地质与瓦斯治理国家重点实验室培育基地搭建的受载含瓦斯煤渗流特性实验装置,研究了不同孔隙压力、不同围压、不同有效应力和不同温度条件下的煤样瓦斯渗透特性;在考虑吸附膨胀变形量、孔隙气体压缩变形量和温度效应变形量的基础上,建立了受载含瓦斯煤的孔隙率与有效应力的关系方程、渗透率与有效应力的关系方程及瓦斯在受载煤体中的非线性渗流方程。将有效应力理论与损伤力学的基本原理相结合,在考虑应力、孔隙压力和温度效应影响下把受载含瓦斯煤的变形机制分为三种;依据煤体的应变量与有效应力之间的函数关系,建立了含瓦斯煤的应力-应变的本构关系;结合渗透率与有效应力的关系方程,建立了渗透率的动态演化模型。并将受载含瓦斯煤的应力-应变过程与动压巷道周围煤体的应力-应变过程相结合,视受载含瓦斯煤为黏弹塑性软化介质,理论推导了巷道周围煤体塑性软化区和破碎区半径的计算公式,建立了考虑渗透率动态演化的巷道周围煤体瓦斯渗流方程及流-固耦合模型。结合数值模拟研究方法,分析了不同条件下巷道周围煤体不同区域应力分布及渗透率变化规律。通过现场验证得出了现场实测、理论分析和数值模拟结果基本一致的结论。

　　本书的出版得到了国家自然科学基金项目(51874125、51604096)、河北省矿井灾害防治重点实验室开放基金项目(KJZH2017K08)、2020 年度河南省青年人才托举工程项目(2020HYTP020)、2019 年河南理工大学青年骨干教师资助计划(2019XQG-10)以及河南理工大学安全科学与工程优势学科和煤炭安全生产河南省协同创新中心的资助。在此,笔者一并致以最诚挚的感谢!

　　由于笔者水平所限,书中难免有不足之处,恳请读者批评指正,不胜感谢!

著　者

2020 年 5 月于河南理工大学

目　　录

1　绪　论

1.1　研究意义与目的

煤炭在我国一次能源结构中处于绝对主要位置,20 世纪 50 年代其占比曾高达 90％。虽然目前一次能源结构有了一定程度的改变,但煤仍然占到 60％左右。短期内,我国以煤为主的能源结构难以发生改变。据有关统计,高瓦斯及突出矿井数量占我国国有煤矿总数的 56.4％。由于我国煤矿地质条件复杂,煤与瓦斯突出事故时有发生,事故造成的死亡人数一直居高不下。

现阶段煤与瓦斯突出事故体现两个基本特征:一是原有的非突出煤层,随着矿井开采向深部延伸(瓦斯含量和地应力相应增大),逐步升级为突出煤层,在没有充分采取防突措施的情况下发生突出;二是原有的突出煤层,由于突出防治措施执行不到位或执行的措施对特殊开采地质条件不适应而发生突出。特别对第二种情况,由于地应力和采动应力的影响,一些深部矿井出现了应力主导型或者冲击地压诱导型的煤与瓦斯突出事故,即使在瓦斯抽采达标情况下,仍可能发生煤与瓦斯突出事故。这给突出灾害的防治提出了更大的挑战。导致该类事故发生的根本原因:一方面,突出机理复杂,在高应力条件下,对该类事故发生的条件还难以定量界定并提出针对性的防治措施;另一方面,在深部开采条件下,尤其在高应力、高地温条件下,煤层瓦斯的赋存形式及解吸、运移规律还没有从根本上得以揭示。一些高应力、高地温矿井表现出高瓦斯压力、低瓦斯含量特征,一些矿井出现煤与瓦斯突出的吨煤瓦斯含量远大于突出煤层瓦斯含量等现象,这些现象都难以用传统的煤层瓦斯吸附、解吸和运移理论解释。

煤是一种孔隙裂隙双重多孔介质,煤与瓦斯之间存在着复杂的相互作用关系。一方面,煤体内部孔隙压力的降低导致有效应力升高,这会使煤体受载变形,渗透能力降低;另一方面,煤体瓦斯解吸导致的煤基质收缩变形会引起煤体的渗透能力增高,煤体与瓦斯之间表现出强烈的动态耦合关系。其实,煤体变形和瓦斯流动均是在多场耦合作用下发生的,而煤与瓦斯突出灾害事故和瓦斯异常涌出也是在多场耦合作用下的煤体失稳破坏而引起的动力灾害现象[1-2]。

在实际的矿井采掘活动中,基本平衡的原岩应力场和瓦斯压力场因采掘活动而被打破,这导致围岩应力重新分布。而应力的变化对煤层渗透性能起着决定性作用。瓦斯的封存和排放、瓦斯压力的分布又与煤体的渗透能力直接相关。地应力、瓦斯压力及煤体物理力学性质是煤与瓦斯突出灾害事故发生的影响因素[3-4]。因此,只有研究多场耦合作用下的煤层瓦斯渗流规律,才符合实际情况。本书利用河南理工大学瓦斯地质与瓦斯治理国家重点实验室培育基地搭建的受载含瓦斯煤渗流特性实验装置,从煤体受载渗流理论和多场耦合方面,在考虑吸附膨胀变形量、孔隙气体压缩变形量和温度效应变形量的基础上,对受载含瓦斯煤的孔隙率与有效应力之间的变化规律、渗透率的动态演化规律及瓦斯在受载煤体中的渗流规律进行研究;并将受载含瓦斯煤的应力-应变过程与动载巷道周围煤体的应力-应变过程相结合,在建立巷道周围煤体的黏弹塑性模型的基础上,对巷道周围煤体的应力-应变、移动变形及瓦斯渗流规律进行研究。

1.2 渗透特性研究现状

1.2.1 煤层中瓦斯流动规律

渗流理论是指导煤矿瓦斯防治工作的重要理论。线性渗流定律(达西定律)认为:瓦斯在多孔介质内的流动符合线性渗流定律[5-7]。达西定律是法国水利工程师达西(H.P.G.Darcy)于1856年在做水通过填满砂粒的管子实验时发现的。该实验表明,水通过多孔介质(砂粒)的渗流速度与水的压力梯度成正比。在水利工程、环境净化工程以及地下水资源的开采方面,达西定律首先得到了应用。

黄运飞等利用达西定律研究了因煤与瓦斯突出事故造成的瓦斯-粉煤两相流的流动过程,提出了"煤-瓦斯介质力学"观点,系统研究了煤体渗透率、煤-瓦斯介质变形、煤体强度等力学特性[8]。郑哲敏院士等应用达西定律描述了煤与瓦斯突出的孕育、发生与停止过程的机理[9-10]。

国内外学者在煤层中瓦斯流动规律方面的研究成果可以大致概括为以下几个方面:

(1)线性瓦斯流动理论:为适应采矿行业的快速发展,20世纪40年代末研究人员已经对线性瓦斯流动理论有了最初的认识。苏联的大量学者在考虑煤体具有吸附特性的基础上,利用达西定律来描述煤层内瓦斯的运移规律,分析了瓦斯渗流问题,成为研究瓦斯渗流力学的先驱。周世宁以渗流力学为基础,将多孔介质煤体视为一种均匀分布的大尺度上的虚拟连续介质,基于达西定律首次在国内提出了线性瓦斯流动理论[11]。

(2)线性瓦斯扩散理论:有关该理论,国内研究较少,欧美一些国家研究较多[12]。该理论认为煤屑内瓦斯运移符合菲克定律。杨其銮等认为瓦斯从煤屑的涌出实质是瓦斯在煤屑中的扩散问题,可以用菲克定律来描述[13-14]。

(3)瓦斯渗流-扩散理论:该理论认为煤层内瓦斯运移是扩散和渗流的相互混合流动过程。该理论对煤层内瓦斯运移规律的深入研究,得到了国内外众多学者的赞同。A.Saghafi等从扩散力学角度出发,依据菲克定律建立了煤块瓦斯扩散方程[15];吴世跃借鉴有关石油天然气的渗流理论,研究了煤的结构特性与压缩性的关系、吸附瓦斯与游离瓦斯流动的差异性及关系[16]。

(4)非线性瓦斯流动理论:国内外许多学者在对均质多孔介质中的气体渗流问题进行研究时发现,线性渗流定律用于解释该问题会出现偏离现象。1984年,日本学者樋口澄志根据大量实验研究结果,得出了更加符合实际情况的瓦斯运移基本规律——幂定律。孙培德[17-18]、罗新荣[19]、姚宇平[20]通过实验验证得出了非线性瓦斯流动理论更加符合实际的结论。

(5)地物场效应的煤层瓦斯流动理论:该理论认为应力场、地电场和温度场等对瓦斯流动场的影响主要体现为煤体围岩应力与孔隙压力对煤体渗透性能的作用,利用实验结果对渗流定律——达西定律进行了多种方式的修正,并建立和研究了气-固耦合作用下的瓦斯流动模型及其数值算法[21-30]。

(6) 多煤层系统瓦斯越流理论:多煤层瓦斯流动问题较为复杂。孙培德等从煤层瓦斯越流角度抽象出其普遍规律,并以此创建了多煤层系统瓦斯越流理论[31-35]。

众多学者又发展了新兴的数值方法,如格子玻耳兹曼(Boltzmann)方法[36-41]、分子动力学方法[42-45]等。这些都是该领域理论研究的前沿课题。

1.2.2　煤层瓦斯渗透特性

到目前为止,在考虑受载含瓦斯煤变形影响时,仅能通过实验方法来确定煤层渗透率的表达式。国内外学者在地应力作用下煤层瓦斯运移方面的研究成果较多,所提观点也基本一致,即煤层的渗透特性随地应力的变化而变化,低应力区煤层的渗透率较高,高应力区煤层的渗透率较低[46-51]。W.H.Somerton 等研究了在三轴应力作用下含有宏观裂隙煤体 CH_4 和 N_2 的渗透性,通过实验得到煤样渗透特性依赖于所施加的应力,并指出随着地应力的增加,煤层渗透率按照指数关系递减[21];J.R.E.Enever 等研究了煤层渗透率与有效应力的关系,发现煤层渗透率与有效应力之间呈指数关系[47]。

林柏泉等通过实验研究了煤样在受载作用下瓦斯的渗透特性,得到煤层瓦斯的渗透率与应力之间有如下函数关系[48]。

应力逐渐增加时服从指数函数关系:

$$k = a e^{-b\sigma} \tag{1-1}$$

应力逐渐降低时服从幂函数关系:

$$k = k_0 \sigma^{-c} \tag{1-2}$$

式(1-1)和式(1-2)中,k 为渗透率;k_0 为初始渗透率;σ 为应力;a,b,c 为回归系数。

赵阳升等利用自行搭建的受载煤岩渗透实验平台和三轴渗透仪对煤样在三轴应力作用下的渗透率进行了研究,分析了煤体的吸附作用和三维应力对煤层瓦斯渗透率的影响,并理论推导出了渗透系数随孔隙压力和体积应力变化的关系式[49-50]:

$$K = K_0 p^n \exp[b(\theta - 3ap)] \tag{1-3}$$

式中,K,K_0 分别为渗透系数和渗透系数初值;p 为孔隙压力;θ 为体积应力;b 为体积应力对渗流的影响系数;a 为等效孔隙压力系数。

唐巨鹏等为了研究复杂应力条件下煤层瓦斯运移及赋存情况,自行研制了一套受载煤瓦斯解吸渗透装置。通过连续加卸载,分析了瓦斯解吸与有效应力之间的关系,得出了在加载过程中渗透率随有效应力的增大而呈现负指数递减关系,在卸载过程中渗透率随有效应力的减小而呈现抛物线递增关系的结论[51]。

重庆大学鲜学福院士领导的科研团队针对受载煤体渗透性影响因素进行了大量的实验探索与研究[52-60]。其中,许江等运用自主搭建的实验平台即气-固耦合两相三轴仪对受载含瓦斯煤的部分特性进行了较为全面的实验研究,包括煤体强度力学特征及处于三轴应力条件下的变形特征,研究结果揭示了煤体的变形特性和强度峰值都受到不同孔隙压力的瓦斯影响,可通过有效应力的数值予以表达[52]。孙培德等研究了应力和孔隙压力与煤层瓦斯渗透率之间的关系,并得到以下结论[56-57]:① 一定的孔隙压力情况下,有效应力增加,煤层渗透率减小,两者之间呈现负指数的变化规律;② 当煤体骨架所承受的有效体积应力处于稳定状态时,随着孔隙压力的增大,煤层瓦斯渗透率随之发生相应的变化,总体来说呈现指数和抛物线函数形式的关系;③ 在体积应力和孔隙压力处于较低值时,孔隙压力增大,煤层瓦斯渗透率减小,反之亦然,会呈现克林肯贝格(Klinkenberg)效应;④ 存在一个临界值,当孔隙压力和体积应力之比大于该临界值时,煤层瓦斯渗透率随孔隙压力增大而增高,克林肯贝格效应将逐步消失。程瑞端利用三轴渗流实验装置,在围压保持一定的情况下,研究了环境温度为 20 ℃、30 ℃、40 ℃、50 ℃情况下的瓦斯渗透率的变化情况,拟合实验数据并分析得出了煤体环境温度 T 和煤层瓦斯渗透率 k 具有一定的函数关系[58]:

$$k = k_0 (1 + T)^n \qquad (1\text{-}4)$$

张广洋等[59]和杨胜来等[60]通过实验研究发现,渗透率与温度之间的关系可用下式表示:

$$\ln k = A + BT \qquad (1\text{-}5)$$

将式(1-4)和式(1-5)采用泰勒级数展开并忽略高阶项,两式可以表达为:

$$k = k_0 (1 + nT) \qquad (1\text{-}6)$$

由此可见,两项研究所得的结论基本一致。

李志强等研究了煤体在不同应力条件下,温度为 30 ℃、45 ℃、55 ℃时的渗流情况。结果表明,不同有效应力条件下煤体的渗透率与温度之间并非是单调递增或递减的关系,而存在一个转折点,转折点的大小取决于有效应力与热应力的关系[61-62]。冯子军等对无烟煤、气煤在高温三轴应力下的渗透特性进行了实验研究[63]。在考虑温度的情况下,有关学者通过实验研究了煤体的解吸渗流特性[64-67]。

在含瓦斯煤的渗透特性和渗透率影响因素方面,国内大量学者做了许多研究。其中,尹光志等[68-70]、李小双等[71]、许江等[52,72]对含瓦斯煤强度、变形、破坏和渗流特征进行了系统的研究;曹树刚等对含瓦斯煤的损伤特性和瓦斯渗流特性进行了系统描述[73-74];章梦涛等[75]和梁冰等[76-78]研究了不同孔隙压力作用下煤体的力学特性;靳钟铭等[79]和赵阳升等[80-81]对无烟煤的渗透、变形和强度特征进行了实验研究,得出了轴压、瓦斯压力对含瓦斯煤特性的影响规律;唐春安等[82]和徐涛等[83]对受载煤岩破裂过程中的流-固耦合问题进行了数值模拟,实现了对含瓦斯煤破坏的全过程分析;李树刚等[84]和卢平等[85]对较软煤体的全应力-应变过程的渗透系数与应变的关系进行了相关研究;石必明等[86]、尹光志等[87-88]、李树刚等[89]、王登科[90]、赵阳升等[91]、杨永杰等[92]对含瓦斯煤渗透特性的影响因素和软煤、硬煤的全应力-应变曲线进行了较为全面的研究。上述学者所做的工作为研究受载含瓦斯煤的多场耦合作用机制打下了坚实的基础。

1.3　气-固耦合研究现状

渗流力学作为一门研究流体在多孔介质中运动规律的学科,自从达西于 1856 年提出了线性渗流定律以来不断发展。周世宁等提出了线性瓦斯流动理论[11,93]。郭勇义等结合相似理论,分析了瓦斯流动的一维情况,推导了瓦斯流动方程的完全解,在认为瓦斯吸附满足朗缪尔方程的情况下,修正了瓦斯流动方程[94]。谭学术等利用真实气体方程,对煤层瓦斯气体渗流方程进行了修正[95]。孙培德在将煤层视为均质体的基础上,修正和完善了均质煤层瓦斯流动的数学模型,并对非均质情况下的数学模型做了进一步的研究,同时利用数值模拟对其进行对比分析[96-97]。随着计算机技术的发展及高性能计算机的出现,通过计算机模拟来分析煤层中瓦斯流动规律及压力梯度的分布情况已成为可能。魏晓林根据矿井煤层实际情况和存在的问题,利用离散单元法(DEM)分析了煤层内瓦斯流动的变化规律及瓦斯压力梯度的分布情况,对瓦斯压力分布规律进行了预测并取得了成功[98]。C.Yu 等利用有限元分析法和边界单元分析法分别对煤层内瓦斯渗流进行了数值模拟[99-100]。有关学者在考虑有效应力、孔隙压力、克林肯贝格效应、煤体吸附膨胀等因素都会对瓦斯渗透率产生影响的基础上,提出了渗透率计算公式的多种形式[85,101-102]。许江等[52]、尹光志等[69]、梁冰等[78]、卢平等[85]、林柏泉等[103]、姚宇平等[104]、苏承东等[105]分别对含瓦斯煤岩变形特性、力学性能、流变特性进行了研究,为气-固耦合瓦斯流动理论的研究提供了实验依据。

在国外,K.Terzaghi 最早研究了与岩土-流体耦合作用现象有关的地面沉降问题,并首先将一维弹性多孔介质中饱和流体的流动视为流动-变形耦合问题来处理,其主要贡献是提出了著名的有效应力公式,并建立了一维固结模型[106]。M.A.Biot 将 K.Terzaghi 的成果由一维固结问题推广到三维,并得到了一些解析型的、经典的公式和算例,之后将三维模型推广到各向异性的多孔介质的分析中[107-110]。A.Verrujit 在连续介质力学的基础上,分析了渗流与多孔介质相互作用的耦合模型,建立了多相流体运动的、存在变形的耦合问题理论模型[111]。董平川等[112]、孙培德等[113]、L.Jing 等[114]指出,随着煤与瓦斯突出灾害事故的频发、天然气与石油开采规模的扩大及地面沉降等问题的出现,各个行业对流-固耦合力学又提出了新的课题,加之实验室实验和计算机技术的快速发展也为新问题的解决提供了条件,从而使得有关流-固耦合理论的研究得到了长足的发展。在油藏工程方面,J.R.Rice 等[115]、S.K.Wong[116]、A.Settari 等[117]研究了热-流-固耦合理论、煤层开采机理及工程应用方面的问题。R.W.Lewis 等研究了以孔隙介质位移、流体孔隙压力和温度为变量的流-固耦合模型,并通过该模型对油气生产的影响因素进行了分析[118-119]。J.Bear 等对地下污染物传递及地热开采中的有关问题进行了研究[120]。

在我国,王自明[121]和孔祥言等[122]研究了油藏的热-流-固耦合作用,提出了未完全耦合的和完全耦合的两类热-流-固耦合数学模型。在矿井瓦斯灾害防治工程领域,有关学者建立了非等温、等温情况下煤层内瓦斯流-固耦合模型[76,123-131]。R.W.Lewis 等[118-119]、李祥春等[129]、周晓军等[132]、张玉军[133]、郭永存等[134]分析了多相流体的耦合作用,并对其进行了计算研究,与单相流体相比,其可更加真实地反映各种流体之间的相互影响关系。随着计算机技术的发展,人们利用数值求解方法对流-固耦合数学模型进行了多种计算,但从流-固耦合力学作用方面来讲,其研究仅是对物理过程的描述。直到目前,仅在考虑受不同因素影响的非饱和土的基础上修正了有效应力公式,在理论方面仍然没有统一的认识[135-137]。I.L.Éttinger[138]和 A.A.Borisenko[139]在煤层瓦斯流动理论方面,均研究了吸附膨胀变形和压缩变形对煤体的影响,两人所得结果相反,前者认为会产生很大影响,而后者认为影响很小。赵阳升等利用基础实验研究结果修正了煤层有效应力计算公式,根据该公式可知随孔隙压力减小煤层有效应力增大,有效应力增大又会导致煤层受载变形,渗透率降低,而在真实煤层中孔隙压力的降低会导致渗透率增大。由此可以看出,该公式在描述孔隙压力减小、煤粒体积收缩、吸附瓦斯解吸对有效应力的影响方面还存在缺陷[91]。李传亮等提出了双重有效应力概念(结构、本体有效应力),并根据变形机制分析了有效应力的计算公式[140]。

J.D.st George 等基于煤体瓦斯解吸会呈现煤基质收缩变形的情况,对有效应力和渗透率的关系进行了研究,但没有提出相应的计算公式[141]。吴世跃等在考虑煤体吸附瓦斯产生膨胀应力的情况下,推导了有效应力计算公式,并进行了验证[142]。陶云奇在考虑温度效应、孔隙压力变形量和吸附膨胀变形量的情况下,理论推导了 THM(热-流-固)耦合模型,通过现场考察验证了理论推导结果[143-144]。海龙等将多孔介质视为黏弹性体,在原有有效应力的基础上结合损伤力学提出了塑性变形为损伤变形的观点,但没有考虑瓦斯对煤体的影响[145]。大量学者经过广泛的研究,在有效应力与渗透率、固体受载变形与孔隙率的关系方面提出了很多计算公式,但一直没有达成共识。林柏泉等通过实验研究得出,孔隙压力与多孔介质的渗透率呈指数函数关系[48]。赵阳升等通过实验研究得出,渗透率与孔隙压力和有效体积应力之间呈复杂的指数函数关系[91]。S.Harpalani 等分析了裂隙的网络渗透率、煤基质收缩变形与孔隙率之间的关系[146]。方恩才等研究了受载含瓦斯煤的有效应力与受载变形特性之间的关系[147]。孙培德进行了含瓦斯煤三轴加载实验,研究了煤体在变形过程中其渗透率的变化规律,得到了孔隙压力和围压对渗透率的影响规律[148]。卢平等研究了固体受载变形与它的渗透率之间的关系[85]。傅雪海等分析了煤体骨架颗粒压缩变形及煤基质解吸收缩变形与渗透率之间的关系[149]。李传亮等研究了多孔介质受载变形机制,理论推导了多孔介质流变模型[150]。李培超等根据受载煤体的平衡条件得到了应力方程,将有效应力与流-固耦合模型相结合建立了流-固动态演化耦合模型[151]。王学滨等以剪切带中的单元体为研究对象,根据塑性理论研究了剪切带的孔隙特征[152-153]。W.C.Zhu 等分析了煤体变形与煤体内部瓦斯流动的耦合效应[154]。D.A.Barry 等将饱和流体视为可压缩体,研究了其在多孔介质中的流动规律[155]。李春光等分析了多孔介质体积模量与孔隙率之间的关系[156]。隆清明等根据大量实验研究了吸附作用对煤体渗透率的影响[157]。

1.4　巷道周围煤体应力场研究现状

1.4.1　软岩巷道的弹塑性研究方法概述

弹塑性分析法又称为极限应力平衡分析法。基于莫尔-库仑(Mohr-Coulomb)准则,1938 年芬纳(T.Fenner)最早将地下硐室简化为各向同性、各向等压的轴对称平面应变模型,用于分析围岩在弹塑性"极限应力平衡"状态下的应力、应变、位移与支护强度、围岩应力和围岩强度的关系。随后,芬纳和卡斯特耐尔(H.Kastner)基于经典的理想弹塑性模型和岩石破坏后不存在扩容现象的假设,得到了地下硐室围岩的特性曲线方程,即著名的卡斯特耐尔公式,该研究使得人们认识到围岩具有自承能力,可以较小的支护阻力来保持围岩的稳定。弹塑性理论可理想地描述围岩多种变形破坏特征,故芬纳和卡斯特耐尔的研究成果被后人推广。

但由于理想弹塑性模型与塑性区不存在扩容现象的假设与实际情况差别较大,大量学者此后陆续提出了很多新的见解,主要有以下两个方面[158-176]:

(1) 应用德鲁克-普拉格(Drucker-Prager)、霍克-布朗(Hoek-Brown)、米塞斯(Mises)和统一强度等准则对轴对称平面应力-应变条件下的围岩进行了弹塑性分析,并对相应准则下的弹塑性解进行了求解与分析。霍克-布朗准则用于研究地下硐室开挖后应力释放问题较优,分析其原因可知,当应力水平低时破坏包络线有显著的非线性变化特征;而德鲁克-普拉格准则一般表现为线性特性,因此会给所得结果带来误差。

(2)在考虑应变软化和应变硬化的基础上,将岩石视为理想弹塑性材料,利用关联流动法则与非关联流动法则,得到了更为完善和多样化的岩体弹塑性本构方程。采用多种方法研究了侧压系数不等于1,地下硐室形状不同(圆形或椭圆形)情况下的弹塑性问题。

于学馥等和袁文伯等考虑岩石变形、破坏过程中存在弱化阶段和残余变形阶段,把地下硐室围岩视为线性弱化理想残余塑性模型。刘夕才等在舍弃传统围岩塑性区体积不变假设的前提下,利用非关联流动法则和莫尔-库仑准则描述了岩石的塑性扩容特性。付国彬在考虑岩石塑性应变软化和破裂区岩石存在体积膨胀特性的基础上,描述了岩石的破坏范围及位移。范文等基于统一强度理论,推导了硐室变形后围岩所承受压力的统一解,该解可适用于岩土类材料,修正过的芬纳公式为其特例。当考虑中间主应力对围岩压力和塑性松动圈半径的影响时,可以计算出相应条件下的围岩压力和塑性松动圈半径,根据不同岩石力学性质实验结果和实际工程情况,可以合理地确定出统一强度理论参数 b 值,依此确定围岩压力值,为合理选择支护方式提供依据。根据计算结果可选取不同的理论参数 b 值,计算表明理论参数 b 值对塑性松动圈半径影响不大,但其对围岩压力有较大影响。翟所业等基于统一强度理论,在考虑岩土类材料的软化和剪胀特性的情况下,利用三线性材料软化模型,研究了岩石的剪胀及应变特性对有压隧洞围岩内的应力状态、洞壁位移等的影响。马士进在考虑中间主应力对巷道围岩影响的基础上,利用德鲁克-普拉格准则推导出了圆形巷道塑性区半径范围及应力的解析解,得出了在考虑中间主应力的条件下巷道围岩塑性区范围将增大的结论。王永岩基于莫尔-库仑准则,在考虑岩石具有扩容膨胀及塑性软化特性的情况下,将巷道受载视为平面轴对称问题,得到了软岩巷道弹塑性区应力-变形的解析解;将轴对称平面应变条件下的巷道围岩划分为弹性区、塑性硬化区、塑性软化区和塑性流动区。程立朝等基于莫尔-库仑准则分析了各个区域相应的应力、应变、位移及范围。高桐等针对软岩巷道固有的特点,根据泥灰岩三轴实验结果,研究了软岩膨胀特性对埋藏深度较大巷道围岩稳定性的影响;利用当时最新弹塑性理论的研究成果,推导出了膨胀角与巷道围岩变形的关系式;采用数值力学与数值模型的研究方法,分析了软岩巷道周围存在的体积膨胀与扩容现象。研究结果表明:软岩巷道表面变形和周边体积应变随膨胀角的变化呈非线性递增关系,膨胀角越大,软岩巷道的围岩稳定性条件越差,巷道周边所要承受的围岩压力越大,即需要的支护力越大。

1.4.2 软岩巷道流变力学研究现状

人们在长期的岩体工程实践中,认识到工程岩体的物理力学性质、应力场、变形破坏特征等均与时间有关,即具有时间效应。因此,在研究岩体工程开挖后的动态演化特征时可以用时间效应进行分析,更具有实际意义。基于弹塑性的研究成果,岩石与岩体流变成为研究的重点。

20世纪五六十年代,人们对流变学的研究已经相当成熟。其中,陈宗基将流变理论与岩石力学相结合,从理论上分析了层状岩体中隧洞围岩应力分布情况,认为围岩应力场与时间有关,即具有时间效应,根据松弛实验的成果得到了确定软岩长期强度的本构方程。

在此基础上,众多学者研究了软岩在受载过程中出现扩容膨胀效应的问题,将软岩的扩容膨胀划分为因物理化学作用产生的自由膨胀、因扩容引起的碎胀和因弹性形变恢复引起的流变膨胀。于学馥将受载岩石视为黏弹性材料,根据巷道围岩受载情况将其划分为黏弹性区和塑性区,利用黏塑性模型求解黏弹性区,并且研究了围岩的塑性区范围、应力-应变关系及流变特性[177]。范广勤利用伯格斯(Burgers)模型对静水压力下的圆形巷道围岩进行了黏弹性分析[178]。金丰年等在把受载介质视为非线性黏弹性体的基础上,运用有限元方法分析了受载围岩强度特征与时间的关系[179-181]。刘夕才在假设围岩弹性应变率与体积都不变的情况下,将其视为马克斯韦尔体,推导了巷道非线性与线性黏弹性的理论解[182]。张向东等通过三轴蠕变实验分析了泥岩在受载状态下的蠕变过程,研究了不同支护和应力条件下的泥岩蠕变变形特征,建立了非线性蠕变方程,在理论分析的基础上得出了防止围岩过量蠕变变形的最基本方法是改善围岩应力状态[183]。万志军等基于岩石长期强度的衰减特征和应变能守恒原则,通过大量流变实验研究,利用非弹塑黏性组合元件建立了煤体、软岩的非线性流变数学力学模型,并进一步发展了煤层巷道围岩、软岩的非线性流变力学模型,且通过实验对其进行了验证[184-185]。

2 受载含瓦斯煤渗流实验平台搭建

2.1 实验系统研发目标与思路

目前,实现温度场、流体场和应力场等多物理场耦合条件下的含瓦斯煤吸附解吸渗流实验比较困难。国内外学者在煤体中的瓦斯渗流规律和煤体的物理力学性质等方面取得了丰硕的研究成果。在国内,众多学者通过实验对渗透率的影响因素、不同物理场下的渗透率、有效应力与瓦斯吸附和渗透率之间的关系进行了研究[186-187]。在前人研究的基础上,搭建由加载装置、大型恒温水浴装置、高压瓦斯气瓶及减压阀、耐高压密封实验腔体和自动数据采集监控设备等构成的实验系统,为研究受载含瓦斯煤吸附解吸渗流特性提供一种保压效果稳定、测试结果准确可靠的途径。加载装置可借助外部力学实验机,通过变换轴压和围压实现煤样的不同受载状态模拟;大型恒温水浴装置可实现不同实验温度的变换和保证实验温度的恒定;高压瓦斯气瓶及减压阀可提供不同恒定条件下的孔隙压力;耐高压密封实验腔体主要为模拟煤层中瓦斯的吸附解吸渗流过程提供环境;自动数据采集监控设备可实现数据采集的自动化,以保证数据采集的可靠性。

2.2 实验系统主要技术指标及特点

(1) 实验系统主要技术指标

① 轴压控制范围:0～150 MPa;

② 围压控制范围:0～40 MPa;

③ 轴向位移范围:0～60 mm;

④ 试样尺寸:$\phi 30$ mm$\times 100$ mm、$\phi 50$ mm$\times 100$ mm、$\phi 80$ mm$\times 100$ mm;

⑤ 轴向加载控制方式:力控制;

⑥ 径向加载控制方式:力控制;

⑦ 瓦斯压力供给范围:0～13.5 MPa;

⑧ 温度控制范围:0～100 ℃;

⑨ 水浴温度控制误差:±0.01 ℃;

⑩ 应力、孔隙压力、温度、位移、变形及流量等参数:由数据采集监控系统自动采集。

(2) 实验系统主要技术特点

① 该实验系统可进行多场耦合环境中含瓦斯煤在三维应力下吸附解吸渗流实验,将各种影响因素全面考虑进去,更能真实地表征实际矿井煤层中瓦斯的运移情况,从而保证实验的准确性;

② 系统加载过程稳定,保压效果好,而且对煤样进行面充气更符合实际煤层瓦斯源补给情况;

③ 加载装置具有良好的气密性和耐爆性,能进行不同瓦斯压力作用下的含瓦斯煤吸附解吸渗流实验,实验条件与真实煤层瓦斯运移情况更加接近;

④ 系统具有结构较为简单、成本低、可靠性高、操作灵活等特点,可为揭示煤层瓦斯运移机制、深入研究采动煤岩裂隙演化机制提供更全面、可靠的实验手段;

⑤ 实验数据监控采集自动化,能保证数据的可靠性。

2.3　实验系统组成

受载含瓦斯煤渗流特性实验装置主要由 6 个部分组成:加载系统、压力室、孔隙压力控制系统、温度控制系统、数据采集监控系统和辅助系统。图 2-1 为实验系统结构示意图。

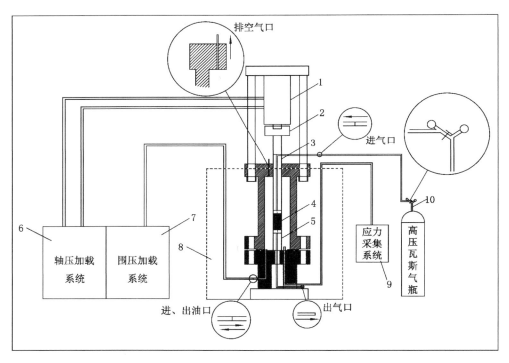

1—液压缸;2—轴压传感器;3—上压头;4—试样;5—下压头;6—轴压加载系统;
7—围压加载系统;8—温度控制系统;9—应力采集系统;10—高压瓦斯气瓶。

图 2-1　实验系统结构示意图

2.3.1　加载系统

加载系统可实现加载过程的精确性、连续性和稳定性,其主要由如下 2 个部分构成。

① 轴向加载设备(见图 2-2 和图 2-3):轴向加载设备由液压缸及其底座、轴压传感器、反力支架和压力室上腔体构成。将轴向位移传感器固定在反力支架其中一根立柱的下端,同时将轴向位移传感器触杆固定在液压缸和轴向位移传感器之间,保证轴向位移传感器可

测试液压缸加压过程中的位移,从而测出煤样的轴向变形。将轴向加载压头设计为球形万向压头,以避免加载过程中煤样受力存在偏差。

图 2-2 整体设备图

图 2-3 轴向加载设备

② 液压站:液压站是轴压和围压的动力来源。液压站采用一缸两泵的设计方式,分别提供轴压和围压。为了能使实验长期保压,同时避免设备因工作时间长而损坏,该系统实现了停机保压的功能。该液压站可以提供的最大轴压为 150 MPa,最大围压为 40 MPa。

2.3.2 压力室

压力室的作用是提供煤样受载所需的围压环境,图 2-4 为其结构示意图。

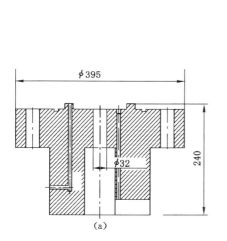

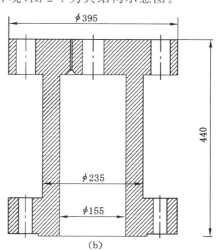

(a) 压力室底座;(b) 压力室上腔体。

图 2-4 压力室结构示意图

压力室由上腔体和下底座两部分组成,通过 12 根螺栓连接,连接处设有"O"形密封圈以防止液压油渗出,可实现良好的密封效果,整体采用不锈钢材料加工制作,其筒体高度为 680 mm,外径为 395 mm,内径为 155 mm,上下压头直径均为 50 mm。为使气体均匀地从试件断面中流过,在上下压头与试样之间放置多孔板,多孔板如图 2-5 所示。导向架设置在实验腔内,由 4 根螺杆及上下定心盘组成,如图 2-6 所示。

图 2-5　多孔板

图 2-6　导向架

2.3.3　孔隙压力控制系统

　　孔隙压力控制系统由高压瓦斯气瓶、减压阀和管路组成。其中,高压瓦斯气瓶供给浓度为 99.999% 的甲烷气体;减压阀用于调节进气口气体压力;管路采用耐压 31.5 MPa 的高压胶管,气管和压力表连接采用高压密封接头,配备耐高压组合垫以确保进气口和出气口的气密性。

2.3.4　温度控制系统

　　温度控制由一个大型特制的精密恒温水浴箱实现,温度控制系统结构示意图如图 2-7 所示。在实验过程中,将实验腔体放入恒温水浴箱中,以水温的恒定来保证实验煤样温度的恒定。恒温水浴箱由实验箱体、加热系统、制冷系统、传感系统、循环系统和温度程序控制系统组成,由保温材料包裹整个箱壁,其水浴循环水泵可实现箱体内部温度调节的均匀性。加热系

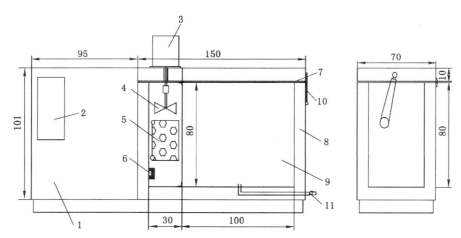

1—电气控制柜;2—控制面板;3—八级搅拌电机;4—叶轮;5—蒸发器;6—发热管;
7—密封胶条;8—保温层;9—工作室;10—气动件;11—球阀。

图 2-7　温度控制系统结构示意图

统采用镍铬合金电热管,其执行元件采用固态继电器,升温速率基本为 0.1 ℃/min,可将试件加热到的最高温度为 100 ℃;制冷系统采用进口压缩机组、风冷式制冷方式,可将试件冷却到的最低温度为 0 ℃。该温度控制系统具有高精度的温度稳定控制功能,温度控制误差为 ±0.01 ℃。

2.3.5　数据采集监控系统

数据采集监控系统由计算机、TDS-303 应变采集仪、压力传感器、位移传感器、温度传感器和气体质量流量计及相关配套测试软件组成。安装于液压缸球形压头下方的 LTR-1 型拉压力传感器用于监测轴向应力,监测范围为 0~200 kN;位于试样中部的轴向和环向应变片用于监测试样的轴向和环向应变;安装于反力支架立柱下端的轴向位移传感器用于监测试样的轴向变形,监测范围为 0~60 mm;腔体内的温度传感器用于监测试样温度,监测范围为 −50~150 ℃;质量流量计用于监测气体流量。在实验过程中,可以实现数据的自动化采集,以保证数据采集的可靠性。

2.3.6　辅助系统

真空脱气系统、提升系统和装置支撑系统为辅助系统。真空脱气系统由真空泵、真空计和管路组成,真空计采用 ZDF-5227 智能型复合真空计。实验过程中首先开启真空泵对整个系统进行脱气直至接近绝对真空,关闭真空泵后系统压力在 2 h 内一直保持稳定,即完成真空脱气。提升系统主要指龙门架,可用于试件的安装及拆卸和吊装整个装置放入恒温水浴箱中。装置支撑系统指装置支撑架,安装在恒温水浴箱的外框架上,其主要作用是支撑装置,防止装置对恒温水浴箱造成破坏。

2.4　实验原理及煤样参数测定

2.4.1　实验原理

现今,煤体渗透率的测定方法基本上可以分为实验室测定法和现场测定法两类。现场测定法具有测试周期长、耗资大、测试误差较大的缺陷[188-191]。为了探寻瓦斯在煤层内部的运移规律,本实验采用实验室测定法测定受载含瓦斯煤的渗透率。在实验室测定煤样渗透率时基于达西定律稳定流法,根据煤样两端的孔隙压力梯度和瓦斯气体通过煤样的稳定渗流量等参数来计算,计算公式为:

$$k = \frac{2Qp_0\eta L}{A(p_1^2 - p_2^2)} \qquad (2-1)$$

式中,k 为渗透率,mD;Q 为气体流量,cm³/s;η 为气体的黏度,Pa·s,取 1.087×10^{-5} Pa·s;L 为煤样长度,mm;A 为煤样的截面积,cm²;p_0 为大气压力,取 0.1 MPa;p_1 为进气口孔隙压力,MPa;p_2 为出气口孔隙压力,MPa。

将煤样出气口孔隙压力视为大气压,在进气口孔隙压力可调的情况下,进行了孔隙压力一定时,不同围压、不同加载阶段、不同温度和不同有效应力条件下的含瓦斯煤渗透率实验;并在恒定温度情况下,进行了不同孔隙压力、不同围压、不同加载阶段和不同有效应力条件下的含瓦斯煤渗透率实验。以期分析孔隙压力、围压、有效应力和温度对含瓦斯煤渗透率的影响,建立有效应力与渗透率之间的关系方程以及考察渗透率对这几项影响因素的敏感性。

2.4.2 煤样制备及参数测定

本实验所采集煤样为某矿山西组下部的二$_1$煤,属无烟煤,煤质较硬。煤体坚固性系数(又称普氏系数)f 值较高,内生裂隙不太发育,煤样的制作方法为:首先,从掘进头选取尺寸合适的煤块,升井后对块煤封蜡,然后带回实验室用煤岩样钻取机(其中,岩芯管尺寸为 $\phi 50\ mm \times 100\ mm$)垂直块煤层理方向钻取煤样,以保证煤样的原生层位物性参数不变。在钻取煤样的过程中,要保持匀速缓慢钻取,以确保钻取煤样的完整性;为了保证煤样在受载时上下端面能够受力均匀,在钻取煤样后利用切割机将煤样上下两端打磨光滑、平整。制备的煤样实物图如图 2-8 所示。

图 2-8　煤样实物图

煤样的工业分析按照《煤的工业分析方法》(GB/T 212—2008)测定,煤的真相对密度和视相对密度按照《煤的真相对密度测定方法》(GB/T 217—2008)和《煤的视相对密度测定方法》(GB/T 6949—2010)测定,煤样吸附常数采用 IS-100 型等温吸附解析仪测定。实验煤样的基本参数如表 2-1 所示。

表 2-1　实验煤样的基本参数

水分含量 $M_{ad}/\%$	灰分含量 $A_{ad}/\%$	挥发分含量 $V_{daf}/\%$	吸附常数 $a/(m^3/t)$	吸附常数 b/MPa^{-1}
0.87	10.04	8.19	52.945	1.063
视相对密度	真相对密度	弹性模量/GPa	体积压缩系数/MPa^{-1}	泊松比
1.47	1.54	19.2	5.16×10^{-4}	0.36

2.4.3 实验前准备工作

在实验之前,首先完成如下几项准备工作:

(1)粘贴应变片。选取烘干后的煤样,将煤样中部需要粘贴应变片处用酒精清洗干净,然后用 502 胶将应变片粘贴平整。为保证准确采集到数据,本实验选取煤样中部较为平整位置对称粘贴 2 组应变片,每组环向和轴向各粘贴 1 个应变片。利用电烙铁将应变片与漆包线焊接,焊接完毕后将焊接处用胶布固定在煤样表面,以防止在套热缩管的过程中焊接处断裂。粘贴应变片后的煤样如图 2-9 所示。实验所用应变片型号为 BX120-10AA,基底长度为 18 mm,宽度为 7 mm。

(2)煤样安装。首先将粘贴过应变片的煤样、上下压头、上下多孔板装好;然后在上下压头边缘处涂上 704 硅胶,用比煤样两端各长 30 mm 左右的热缩管套在煤样上并箍紧,保证热缩管与煤样侧面接触紧密;最后用 704 硅胶在煤样的顶部和底部作密封处理,将漆包线与外部导线相连接,用胶布密封,待 704 硅胶完全干透后安装导向支架。煤样安装好后的实物图如图 2-10 所示。

图 2-9　粘贴应变片后的煤样图

图 2-10　煤样安装好后的实物图

（3）设备安装。待上述 2 个步骤完成以后，将三轴压力室装好，紧好螺丝，并安装上加载设备，放入恒温水浴箱中，连接瓦斯管路，抽取真空，待抽取真空完毕后增加围压到预定值，往煤样中充入预定压力的瓦斯气体，待瓦斯吸附平衡后开始实验。

3　受载含瓦斯煤渗流特性实验研究

3.1　概　　述

　　煤层瓦斯渗透率是反映煤层内瓦斯渗流难易程度的物性参数,是瓦斯(煤层气)抽采的重要参数之一,也是煤层瓦斯动态流-固耦合的重要参数。研究表明,除煤体结构参数外,应力、孔隙压力等是煤层瓦斯渗透率变化的主要敏感影响因素。随着煤层开采深度的加大,应力、孔隙压力和温度也在不断变化,导致受载含瓦斯煤渗透率随之动态变化。国内外学者在渗透率方面取得了丰硕的研究成果,尤其以应力对渗透率影响的理论和实验研究颇多,而有关温度对煤层渗透率影响的研究较少。鉴于此,本章利用前述介绍的受载含瓦斯煤渗流特性实验装置,分析有效应力、温度、孔隙压力对受载含瓦斯煤渗透率的影响规律及渗透率对各因素的敏感性;在考虑煤体吸附膨胀变形量、温度效应变形量和孔隙气体压缩变形量的基础上,建立煤层瓦斯非线性渗流方程,为建立渗透率演化模型提供依据。

3.2　受载含瓦斯煤渗流特性实验

3.2.1　实验内容

　　实验内容分为三部分:① 孔隙压力分别为 0.6 MPa、0.9 MPa、1.2 MPa 和 1.5 MPa,围压分别为 1 MPa、2 MPa、3 MPa、4 MPa 条件下的三轴加载渗透实验。实验顺序设计为:先固定围压、后增加轴压到一定载荷,改变孔隙压力;再增加轴压到更大载荷,改变孔隙压力,用以模拟煤样加载应力条件。重复同样的实验步骤,搞清在不同受载阶段有效应力对煤样渗透率的影响,在实验过程中须使孔隙压力小于围压。② 在围压和轴压保持一定的情况下,改变孔隙压力,研究不同孔隙压力梯度下瓦斯非线性渗流特征。③ 在某一实验温度(分别为 20 ℃、30 ℃、40 ℃)情况下,重复①和②的实验过程,研究不同温度下煤样渗透率的变化规律。

3.2.2　实验步骤

　　(1)煤样烘干:将实验煤样放进高温马弗炉恒温干燥 24 h,以排除水分对实验结果的影响,在干燥器中冷却后称重,在煤样中部沿层理方向和垂直层理方向粘贴应变片,用于测定煤样吸附瓦斯平衡后所产生的吸附膨胀变形量和孔隙气体压缩变形量。

　　(2)煤样安装:首先将粘贴过应变片的煤样装入热缩管中,利用功率为 2 000 W 的热风枪对热缩管加热,以确保热缩管能够箍紧煤样,同时使热缩管与煤样侧壁面能够紧密接触,利用 704 硅胶在煤样的顶部和底部作密封处理；然后将其装入三轴压力室，连接好其他系统，将整个系统放进恒温水浴箱中，以确保煤样及煤样所吸附的瓦斯温度恒定。

（3）真空脱气。在保证系统连接正确、气密性完好的情况下，当煤样温度达到预定温度（由温度传感器测定）时，首先对煤样施加轴压到预定值，然后施加预定围压。为排除煤样和系统中杂质气体对实验结果造成的影响，利用 2 台真空泵从进气口和出气口两端对整个实验系统进行真空脱气（见图 3-1）。真空脱气的步骤为：调节阀门 1、阀门 2、阀门 4、阀门 5 处于打开状态，与压力表相连的阀门 3 和阀门 6 处于关闭状态，开启真空泵对系统进行真空脱气（至接近绝对真空），直到关闭真空泵后系统真空度在 2 h 内一直保持稳定，即完成真空脱气。

（4）瓦斯吸附：充入浓度为 99.999% 的甲烷气体到预定压力，并及时进行气体补偿，保持压力稳定，测试记录吸附瓦斯过程中的瓦斯压力和应变。待应变化率小于 $2 \times 10^{-4} h^{-1}$ 时，认为煤样达到吸附-解吸平衡，记录煤样最终吸附膨胀变形量。

（5）渗透率测定：在煤样吸附平衡后，打开出气口阀门，待煤样瓦斯渗透量稳定后，测定流量数据并做记录，每个加载阶段测定 5 次。

（6）改变实验条件（温度、孔隙压力和围压），进行下一组实验。

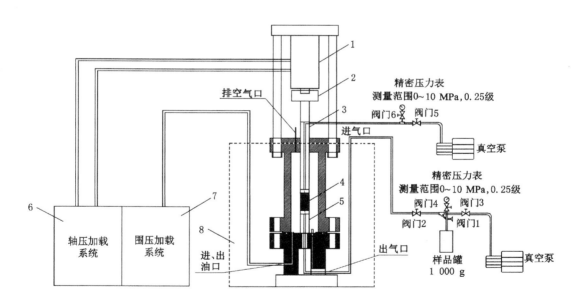

1—液压缸；2—轴压传感器；3—上压头；4—煤样；
5—下压头；6—轴压加载系统；7—围压加载系统；8—温度控制系统。
图 3-1　真空脱气装置图

3.2.3　实验数据处理

煤样渗透率与实验气体性质和煤样本身的孔隙结构相关，气体的吸附作用导致煤样渗透率降低，而气体的滑脱效应导致煤样渗透率增大；进气口孔隙压力的增加，导致煤样两端压力梯度增大，使得煤样渗透率下降；在煤样屈服之前，围压和轴压的增加，使得煤样内孔隙裂隙闭合,导致煤样渗透率下降;而温度的升高会导致煤样对瓦斯的吸附能力降低。另外,煤体初始损伤裂隙的存在对煤体瓦斯的渗流起主要作用[192]。

一般利用临界雷诺数来衡量达西定律的适用范围。随着体积流量的增大,当体积流量与气体压力梯度之间不满足线性关系时,达西定律已不再适用[193]。多孔介质中的气体流动,一般利用雷诺数来区分层流与紊流。雷诺数可通过下式计算:

$$Re = \frac{vl}{\nu} \tag{3-1}$$

式中　v——特征速度,m/s;

　　　l——孔隙介质特征长度,μm;

　　　ν——运动黏度,m^2/s。

当雷诺数范围为1~10时,黏滞力占主导地位,气体在多孔介质中的流动为线性层流,符合达西定律[194]。即可利用式(2-1)计算煤样渗透率。

(1) 孔隙压力对瓦斯气体流量的影响

本实验采用瓦斯气体,在受载煤样吸附平衡后进行渗流实验。在围压和孔隙压力固定的情况下,对受载煤样分级施加轴压,始终保持围压大于孔隙压力,采用稳态测试方法。

实验原始数据见表3-1至表3-3,根据实验结果,绘制了12种不同围压和轴压组合情况下受载含瓦斯煤气体流量与孔隙压力之间的关系曲线,如图3-2至图3-4所示。

表 3-1　实验原始数据(1)

组别	围压/MPa	温度/℃	孔隙压力/MPa	轴压/MPa	气体流量/(cm³/s)
1	2	30	0.6	10	1.47
	2	30	0.6	20	0.50
	2	30	0.6	30	0.33
	2	30	0.6	40	0.15
2	2	30	0.9	10	2.17
	2	30	0.9	20	1.10
	2	30	0.9	30	0.83
	2	30	0.9	40	0.50
3	2	30	1.2	10	3.42
	2	30	1.2	20	2.33
	2	30	1.2	30	1.43
	2	30	1.2	40	0.98
4	2	30	1.5	10	5.93
	2	30	1.5	20	4.30
	2	30	1.5	30	2.27
	2	30	1.5	40	1.63

表 3-2　实验原始数据（2）

组别	围压/MPa	温度/℃	孔隙压力/MPa	轴压/MPa	气体流量/（cm³/s）
1	3	30	0.6	10	1.08
	3	30	0.6	20	0.40
	3	30	0.6	30	0.20
	3	30	0.6	40	0.10
2	3	30	0.9	10	1.60
	3	30	0.9	20	0.50
	3	30	0.9	30	0.37
	3	30	0.9	40	0.23
3	3	30	1.2	10	2.53
	3	30	1.2	20	1.67
	3	30	1.2	30	0.93
	3	30	1.2	40	0.70
4	3	30	1.5	10	4.97
	3	30	1.5	20	3.52
	3	30	1.5	30	1.80
	3	30	1.5	40	1.37

表 3-3　实验原始数据（3）

组别	轴压/MPa	温度/℃	孔隙压力/MPa	围压/MPa	气体流量/（cm³/s）
1	10	30	0.6	1	2.00
	10	30	0.9	1	3.40
2	10	30	0.6	2	0.87
	10	30	0.9	2	1.87
	10	30	1.2	2	3.78
	10	30	1.5	2	9.40
3	10	30	0.6	2	0.72
	10	30	0.9	3	1.00
	10	30	1.2	3	2.67
	10	30	1.5	3	6.90
4	10	30	0.6	4	0.53
	10	30	0.9	4	0.88
	10	30	1.2	4	1.67
	10	30	1.5	4	3.33

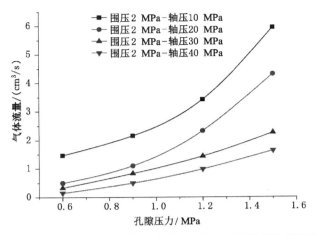

图 3-2　围压一定(2 MPa)情况下孔隙压力与气体流量的关系曲线

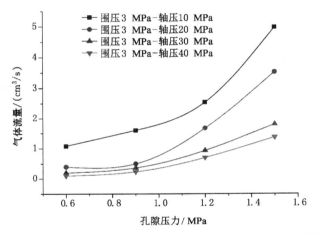

图 3-3　围压一定(3 MPa)情况下孔隙压力与气体流量的关系曲线

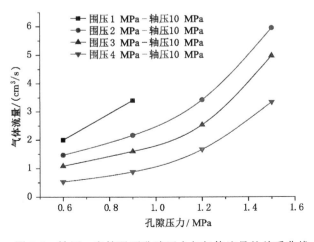

图 3-4　轴压一定情况下孔隙压力与气体流量的关系曲线

由图 3-2 至图 3-4 可以看出,在不同轴压和围压组合下,受载煤样瓦斯渗流速度(由气体流量表征)随孔隙压力的增加而增大。分析其原因:孔隙压力增加,可在一定程度上阻碍煤基质的收缩,从而促进煤样内部孔隙裂隙的扩展。

由于本实验煤样已经达到吸附平衡状态,故可以将煤样内部的孔隙压力视为均匀分布的,瓦斯压力梯度近似视为受载含瓦斯煤两端的孔隙压力差值与煤样尺寸的比值,即

$$\Delta p = (p_1 - p_2)/L \tag{3-2}$$

式中,p_1 为进气口孔隙压力,MPa;p_2 为出气口孔隙压力,相当于大气压力 p_0,MPa;L 为煤样长度,m。

在轴压和围压一定的情况下,瓦斯压力梯度是影响受载煤样瓦斯渗流速度的主要因素。本实验孔隙压力分别为 0.6 MPa、0.9 MPa、1.2 MPa 和 1.5 MPa,根据式(3-2)可得压力梯度分别为 5.0 MPa/m、8.0 MPa/m、11.0 MPa/m 和 14.0 MPa/m。随着孔隙压力由 0.6 MPa 增加到 1.5 MPa,煤样两端的压力梯度持续增大,单位时间内渗透过煤样截面的瓦斯量越多,渗流速度也就越大。但孔隙压力持续增加,煤样两端的压力梯度增加率会有所下降,最终达到平衡。即煤样瓦斯渗流速度随孔隙压力增大一直增加,然而渗流速度增加率会不断减小,最终趋于一恒定值。

根据上述分析可知,瓦斯渗流速度随孔隙压力的增大呈现非线性递增关系。对上述数据回归分析,可得到不同围压、轴压组合情况下的孔隙压力与受载含瓦斯煤瓦斯气体流量的关系,如图 3-5 所示。

受载含瓦斯煤瓦斯气体流量 Q 与孔隙压力 p 之间的关系表达式为:

$$\left.\begin{array}{l} Q = 5.046\ 3p^2 - 5.713\ 9p + 3.114\ 2\ (R^2 = 0.997\ 8, \sigma_1 = 10\ \text{MPa}, \sigma_3 = 2\ \text{MPa}) \\ Q = 3.796\ 3p^2 - 3.761\ 1p + 1.395\ 0\ (R^2 = 0.999\ 9, \sigma_1 = 20\ \text{MPa}, \sigma_3 = 2\ \text{MPa}) \\ Q = 0.925\ 9p^2 + 0.188\ 9p - 0.106\ 7\ (R^2 = 0.999\ 6, \sigma_1 = 30\ \text{MPa}, \sigma_3 = 2\ \text{MPa}) \\ Q = 0.833\ 3p^2 - 0.105\ 6p - 0.085\ 0\ (R^2 = 1.000\ 0, \sigma_1 = 40\ \text{MPa}, \sigma_3 = 2\ \text{MPa}) \end{array}\right\} \tag{3-3}$$

$$\left.\begin{array}{l} Q = 5.046\ 3p^2 - 5.713\ 9p + 3.114\ 2\ (R^2 = 0.997\ 8, \sigma_1 = 10\ \text{MPa}, \sigma_3 = 2\ \text{MPa}) \\ Q = 5.324\ 1p^2 - 6.986\ 1p + 3.412\ 5\ (R^2 = 0.993\ 4, \sigma_1 = 10\ \text{MPa}, \sigma_3 = 3\ \text{MPa}) \\ Q = 3.657\ 4p^2 - 4.615\ 0p + 2.004\ 5\ (R^2 = 0.997\ 9, \sigma_1 = 10\ \text{MPa}, \sigma_3 = 4\ \text{MPa}) \end{array}\right\} \tag{3-4}$$

$$\left.\begin{array}{l} Q = 5.324\ 1p^2 - 6.988\ 6p + 3.412\ 5\ (R^2 = 0.993\ 4, \sigma_1 = 10\ \text{MPa}, \sigma_3 = 3\ \text{MPa}) \\ Q = 4.861\ 1p^2 - 6.702\ 8p + 2.652\ 5\ (R^2 = 0.998\ 8, \sigma_1 = 20\ \text{MPa}, \sigma_3 = 3\ \text{MPa}) \\ Q = 1.944\ 4p^2 - 2.294\ 4p + 0.871\ 7\ (R^2 = 0.999\ 7, \sigma_1 = 30\ \text{MPa}, \sigma_3 = 3\ \text{MPa}) \\ Q = 1.481\ 5p^2 - 1.688\ 9p + 0.573\ 3\ (R^2 = 0.999\ 1, \sigma_1 = 40\ \text{MPa}, \sigma_3 = 3\ \text{MPa}) \end{array}\right\} \tag{3-5}$$

式中,Q 为瓦斯气体流量,cm³/s;p 为孔隙压力,MPa;σ_1 为轴压,MPa;σ_3 为围压,MPa;R 为相关系数。

由式(3-3)至式(3-5)可以得出,11 种不同轴压和围压组合下,受载煤样瓦斯气体流量与孔隙压力呈明显的非线性关系,随着孔隙压力的增加,瓦斯气体流量呈现抛物线形递增趋势,这与曹树刚等[195]所得结论基本相符。尹光志等得出随孔隙压力增加,受载煤样瓦斯渗流速度与孔隙压力呈现幂函数关系[88],分析原因可知,他采用的是型煤煤样,而本实验采用的是原煤煤

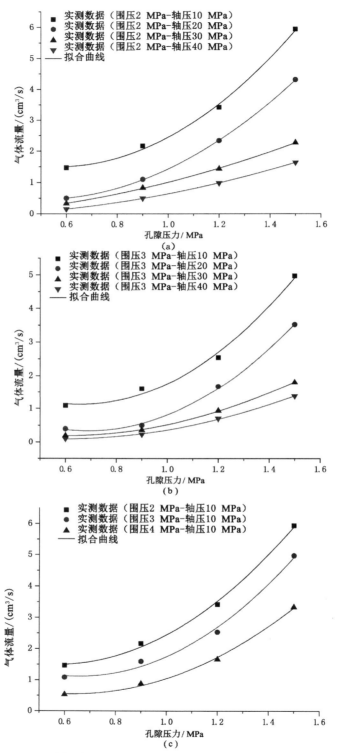

（a）围压为 2 MPa；（b）围压为 3 MPa；（c）轴压为 10 MPa。

图 3-5 瓦斯气体流量与孔隙压力的拟合关系曲线

样。由于突出煤体煤质松软、易碎，原煤取样及钻取难度高，国内大多学者认为型煤与原煤煤样在受载和渗透率的实验中所反映出的煤样受载变形特性和抗压强度的变化规律是一致的，只是在数值上会存在一定的差异，认为可用型煤煤样代替原煤煤样用于含瓦斯煤力学和瓦斯渗流特性的一般性规律探讨。但在实际情况中，以型煤煤样作为受载研究对象，仅可在一定程度上反映煤层中软分层的瓦斯渗流特性；而以原煤煤样作为受载研究对象，能够更加接近煤层真实赋存情况，较为真实地反映含瓦斯煤渗流特性。本实验与尹光志等的实验存在一定的偏差，但所得结论即受载煤样瓦斯气体流量随孔隙压力的增加而升高的规律是一致的。式(3-6)为孔隙压力与瓦斯气体流量关系的一般表达式：

$$Q = \alpha_1 p^2 + \beta_1 p + \gamma_1 \tag{3-6}$$

式中，α_1，β_1，γ_1 为拟合系数。

(2) 围压对瓦斯气体流量的影响

围压对受载煤样的变形有约束作用，尤其是横向变形。在轴压相同的情况下，围压越小，压力差就越大，受载煤样的变形就越快，尤其横向变形速率大于轴向变形速率。根据库仑准则可知，受载煤样轴压与围压之间的关系表达式为：

$$\sigma_1 = \sigma_3 \tan^2\theta + \sigma_c \tag{3-7}$$

式中，σ_1 为轴压，MPa；σ_3 为围压，MPa；σ_c 为煤样单轴抗压强度，MPa。

本实验在固定轴压和孔隙压力的情况下，通过改变围压来研究其对受载含瓦斯煤渗透率的影响规律。

由表 3-4、表 3-5 和图 3-6、图 3-7 可知，在轴压和孔隙压力固定的情况下，随着围压增加，煤样瓦斯气体流量呈现下降趋势。分析其原因可知：煤体属于多孔介质，随着围压增加，煤样内的孔隙裂隙受围压的作用而压缩闭合，瓦斯渗流通道因受到围压作用而变小，气体通过渗流通道的阻力增大，宏观上来看煤样渗透率降低，且渗透率下降幅度逐渐减小。对实验数据进行回归分析，可得到不同轴压和孔隙压力组合情况下受载含瓦斯煤瓦斯气体流量与围压的拟合关系曲线，如图 3-8 所示。

表 3-4　实验原始数据(1)

组别	轴压/MPa	温度/℃	孔隙压力/MPa	围压/MPa	气体流量/(cm³/s)
1	10	30	0.6	1	2.00
	10	30	0.6	2	1.47
	10	30	0.6	3	1.08
	10	30	0.6	4	0.53
2	10	30	0.9	1	3.40
	10	30	0.9	2	2.17
	10	30	0.9	3	1.60
	10	30	0.9	4	0.88
3	10	30	1.2	2	3.42
	10	30	1.2	3	2.53
	10	30	1.2	4	1.67

表 3-4(续)

组别	轴压/MPa	温度/℃	孔隙压力/MPa	围压/MPa	气体流量/(cm³/s)
	10	30	1.5	2	5.93
4	10	30	1.5	3	4.97
	10	30	1.5	4	3.33

表 3-5 实验原始数据(2)

组别	轴压/MPa	温度/℃	孔隙压力/MPa	围压/MPa	气体流量/(cm³/s)
	10	30	0.9	1	3.40
1	10	30	0.9	2	2.17
	10	30	0.9	3	1.60
	10	30	0.9	4	0.88
	20	30	0.9	1	2.07
2	20	30	0.9	2	1.10
	20	30	0.9	3	0.50
	20	30	0.9	4	0.28
	30	30	0.9	1	1.60
3	30	30	0.9	2	0.83
	30	30	0.9	3	0.37
	30	30	0.9	4	0.20
	40	30	0.9	1	1.00
4	40	30	0.9	2	0.50
	40	30	0.9	3	0.23
	40	30	0.9	4	0.13

受载含瓦斯煤瓦斯气体流量 Q 与围压 σ_3 之间的关系表达式为：

$$\left.\begin{aligned}
Q &= 10.355\,0\exp(-0.267\,8\sigma_3)\ (R^2=0.950\,5, p=1.5\ \text{MPa}, \sigma_1=10\ \text{MPa}) \\
Q &= 6.861\,9\exp(-0.344\,0\sigma_3)\ (R^2=0.983\,1, p=1.2\ \text{MPa}, \sigma_1=10\ \text{MPa}) \\
Q &= 5.155\,2\exp(-0.418\,8\sigma_3)\ (R^2=0.987\,2, p=0.9\ \text{MPa}, \sigma_1=10\ \text{MPa}) \\
Q &= 2.957\,1\exp(-0.369\,8\sigma_3)\ (R^2=0.949\,3, p=0.6\ \text{MPa}, \sigma_1=10\ \text{MPa})
\end{aligned}\right\} \quad (3\text{-}8)$$

$$\left.\begin{aligned}
Q &= 5.155\,5\exp(-0.418\,6\sigma_3)\ (R^2=0.987\,3, p=0.9\ \text{MPa}, \sigma_1=10\ \text{MPa}) \\
Q &= 4.076\,7\exp(-0.673\,1\sigma_3)\ (R^2=0.997\,4, p=0.9\ \text{MPa}, \sigma_1=20\ \text{MPa}) \\
Q &= 3.223\,5\exp(-0.696\,0\sigma_3)\ (R^2=0.997\,7, p=0.9\ \text{MPa}, \sigma_1=30\ \text{MPa}) \\
Q &= 2.029\,0\exp(-0.706\,6\sigma_3)\ (R^2=0.998\,9, p=0.9\ \text{MPa}, \sigma_1=40\ \text{MPa})
\end{aligned}\right\} \quad (3\text{-}9)$$

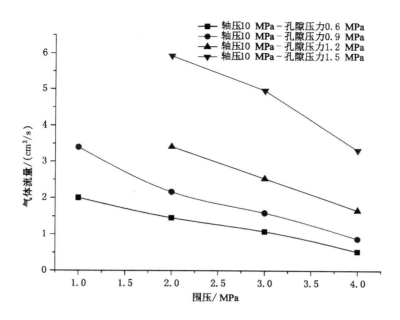

图 3-6　轴压一定条件下气体流量与围压的关系曲线

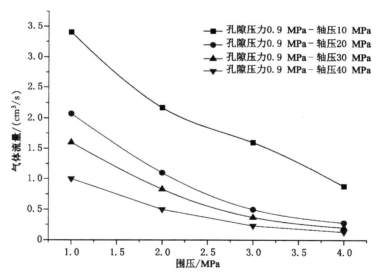

图 3-7　孔隙压力一定条件下气体流量与围压的关系曲线

由式(3-8)和式(3-9)可以看出,瓦斯气体流量与围压之间存在着非线性递减关系,瓦斯气体流量随围压的增大而减小。在不同轴压和孔隙压力组合情况下,原煤煤样的瓦斯气体流量与围压之间呈幂函数关系,式(3-10)为围压与瓦斯气体流量的一般关系表达式:

$$Q = \alpha_2 \exp(\beta_2 \sigma_3) \tag{3-10}$$

式中,α_2,β_2 为拟合系数。

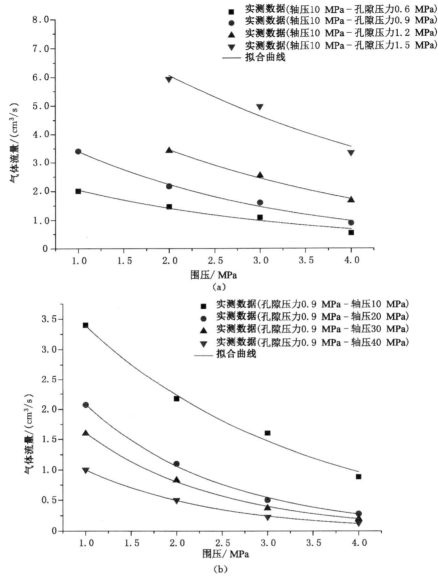

（a）轴压为 10 MPa；（b）孔隙压力为 0.9 MPa。

图 3-8　瓦斯气体流量与围压的拟合关系曲线

3.3　受载含瓦斯煤渗流影响因素分析

3.3.1　孔隙压力对渗透率的影响分析

在受载含瓦斯煤渗透率实验中，由于瓦斯在煤体内运移时渗流速度较低，在煤体壁面上瓦斯渗流表现出速度不等于零的滑移现象，其渗流运动规律不符合线性达西定律[196]。该实验中孔隙压力、围压和轴压较小，即必须考虑克林肯贝格效应。气体具有可压缩性，在多孔介质中的有效渗透率与孔隙压力相关。产生上述现象的主要原因是,煤体内部的孔隙裂隙表面是气体分子的吸附场所,随着气体分子层厚度的增大,气体流动通道相对减小,从而导致气体流动速度明显降低,呈现出在煤体壁面上的滑移现象。但随着孔隙压力的继续升高,煤体内部的孔隙裂隙表面的气体分子吸附量逐渐增多,滑移现象逐渐增强,从而导致煤体渗透率继续降低;当孔隙压力达到或超过临界值时,气体分子吸附量达到平衡状态,克林肯贝格效应相对减弱,渗透率有所增高[197-202]。

在考虑克林肯贝格效应的情况下,煤体孔隙压力 p 与含瓦斯煤渗透率 k 之间的关系可用克林肯贝格(L.J. Klinkenberg)推导出的气体渗透率公式表示[196]:

$$k = k_e \left(1 + \frac{m}{p} \right) \tag{3-11}$$

式中　k——瓦斯气体渗透率,mD;

　　　k_e——瓦斯气体绝对渗透率,mD;

　　　p——孔隙压力,MPa;

　　　m——克林肯贝格系数,由温度、煤体孔隙结构和气体类型确定[202-204],可表示为:

$$b = \frac{16c\eta}{d} \left(\frac{2RT}{\pi M} \right)^{\frac{1}{2}} \tag{3-12}$$

式中　c——常数,取 0.9;

　　　η——气体的黏度,Pa·s;

　　　M——气体摩尔质量,kg/mol;

　　　R——摩尔气体常数,约为 8.314 J/(mol·K);

　　　d——煤体孔隙直径,mm;

　　　T——绝对温度,K。

根据式(3-11),渗透率的计算方法有两种[203]:第一种方法是,在考虑克林肯贝格效应的前提下,利用精确气体渗透率表达式求得精确的渗透率,整个推导过程中不需要假设,故称为气体渗流方程考虑克林肯贝格效应方法。第二种方法是,利用近似表达式求出气体渗透率 k,然后利用气体渗透率和气体平均压力倒数的线性拟合关系得到绝对渗透率 k_e,称为传统拟压力法。

利用式(2-1)对实验数据进行计算,计算结果如表 3-6 所示。

表 3-6　围压和轴压一定条件下孔隙压力对渗透率的影响结果

围压/MPa	孔隙压力/MPa	温度/℃	轴压 10 MPa 下渗透率/mD	轴压 20 MPa 下渗透率/mD	轴压 30 MPa 下渗透率/mD	轴压 40 MPa 下渗透率/mD
	0.6	30	0.452 456	0.154 246	0.102 831	0.046 274
	0.9	30	0.292 425	0.148 462	0.112 471	0.067 483
2	1.2	30	0.257 976	0.176 179	0.108 224	0.074 247
	1.5	30	0.285 999	0.207 269	0.109 258	0.078 730

表 3-6(续)

围压 /MPa	孔隙压力 /MPa	温度 /℃	轴压 10 MPa 下渗透率/mD	轴压 20 MPa 下渗透率/mD	轴压 30 MPa 下渗透率/mD	轴压 40 MPa 下渗透率/mD
3	0.6	30	0.334 201	0.123 397	0.061 699	0.030 849
	0.9	30	0.215 945	0.067 483	0.049 487	0.031 492
	1.2	30	0.193 931	0.125 842	0.070 472	0.052 854
	1.5	30	0.239 403	0.169 510	0.086 764	0.065 876

对表 3-6 所示轴压 10 MPa 下的实验数据进行回归分析,得到渗透率与孔隙压力之间的关系如图 3-9 所示。

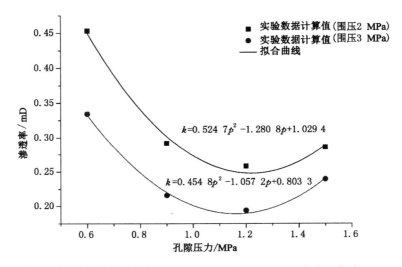

图 3-9　围压和轴压一定条件下孔隙压力与渗透率的拟合关系曲线

由图 3-9 可知,在围压保持一定的情况下,煤样渗透率与孔隙压力之间呈"V"字形变化关系,即在渗透率与孔隙压力的变化关系中存在一孔隙压力临界值,当孔隙压力小于该值时煤样渗透率随孔隙压力的增加而减小,当孔隙压力大于该值时煤样渗透率随孔隙压力的增加而呈现上升趋势,具有明显的克林肯贝格效应。实验结果表明,在围压为 2.0 MPa、3.0 MPa条件下,克林肯贝格效应发生在孔隙压力 $p<1.15$ MPa 范围内,即孔隙压力临界值为1.15 MPa。在考虑克林肯贝格效应的情况下,根据实验结果拟合出孔隙压力 p 与渗透率 k 的一般表达式为:

$$k = \alpha_3 p^2 + \beta_3 p + \gamma_3 \tag{3-13}$$

式中,α_3,β_3,γ_3 为拟合系数。

周世宁等所得孔隙压力临界值为 1.0 MPa[205],孙培德所得孔隙压力临界值为0.4 MPa[57],张广洋等所得孔隙压力临界值为 3.0 MPa[59],王登科等认为孔隙压力临界值为 1.0 MPa[206]。分析认为,由于煤体结构差异较大,不同类型、不同变质程度的煤其孔隙压力临界值有差别,而且煤样内部的孔隙裂隙的不均匀性也会引起孔隙压力临界值的不同。图 3-10 为孔隙压力与煤样渗透率的一般关系,图中 b 点为孔隙压力临界点,即克林肯贝格效应拐点,分析原因可知:煤体孔隙裂隙中的瓦斯的存在形式为游离状态和吸附状态,游离瓦斯以自由状态存在于煤基质孔隙内,吸附瓦斯则以分子状态吸附在煤基质表面,这两种状态的瓦斯在宏观上表现为相互平衡,在一定条件下相互转化。游离瓦斯在煤体的连通孔隙裂隙中流动,呈现孔隙压力,而瓦斯对受载煤样的力学作用则通过孔隙压力以有效应力的方式施加,孔隙压力越大,则受载煤样所承受的有效应力越小,孔隙压力会阻碍煤样内部孔隙裂隙的进一步闭合。然而随孔隙压力的增加,单位时间内单位面积吸附的瓦斯量随之增加,煤基质单位表面积的吸附瓦斯量增大,瓦斯渗流通道减小,从而使得瓦斯在煤样中的渗透能力受到影响,渗透率下降,而煤样壁面上的滑移现象则越来越强,当煤样内瓦斯吸附量和解吸量达到相对平衡状态时渗透率出现最小值,对应孔隙压力临界值。随孔隙压力的继续增加,煤样两端的孔隙压力梯度增大,渗流速度也就加快,孔隙压力逐渐占据主导地位,克林肯贝格效应被削弱,渗透率又有所回升,如图 3-10 中 b-c 段所示。

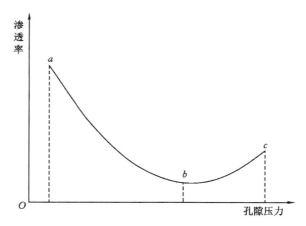

图 3-10　孔隙压力与渗透率关系一般曲线[195]

3.3.2　围压对渗透率的影响分析

利用式(2-1)对表 3-4 和表 3-5 中的原始数据进行计算,结果如表 3-7 和表 3-8 所示。

表 3-7　轴压 10 MPa 条件下围压对渗透率的影响结果

组别	轴压/MPa	温度/℃	孔隙压力/MPa	围压/MPa	渗透率/mD
	10	30	0.6	1	0.617 0
	10	30	0.6	2	0.452 5
1	10	30	0.6	3	0.334 2
	10	30	0.6	4	0.164 5

表 3-7(续)

组别	轴压/MPa	温度/℃	孔隙压力/MPa	围压/MPa	渗透率/mD
2	10	30	0.9	1	0.458 9
	10	30	0.9	2	0.292 4
	10	30	0.9	3	0.215 9
	10	30	0.9	4	0.119 2
3	10	30	1.2	2	0.258 0
	10	30	1.2	3	0.193 9
	10	30	1.2	4	0.125 8
4	10	30	1.5	2	0.316 0
	10	30	1.5	3	0.239 4
	10	30	1.5	4	0.160 6

表 3-8 孔隙压力 0.9 MPa 条件下围压对渗透率的影响结果

组别	轴压/MPa	温度/℃	孔隙压力/MPa	围压/MPa	渗透率/mD
1	10	30	0.9	1	0.459 0
	10	30	0.9	2	0.292 0
	10	30	0.9	3	0.216 0
	10	30	0.9	4	0.119 0
2	20	30	0.9	1	0.279 0
	20	30	0.9	2	0.148 0
	20	30	0.9	3	0.067 0
	20	30	0.9	4	0.038 0
3	30	30	0.9	1	0.216 0
	30	30	0.9	2	0.112 0
	30	30	0.9	3	0.049 0
	30	30	0.9	4	0.027 0
4	40	30	0.9	1	0.135 0
	40	30	0.9	2	0.067 0
	40	30	0.9	3	0.031 0
	40	30	0.9	4	0.018 0

　　根据实验结果得到围压与渗透率之间的关系曲线,如图 3-11 所示。可见,随着围压的增加渗透率逐渐减小,但减小幅度逐渐变小。

　　根据图 3-11 所示渗透率与围压的关系曲线,得出渗透率与围压之间的关系表达式,如下所示:

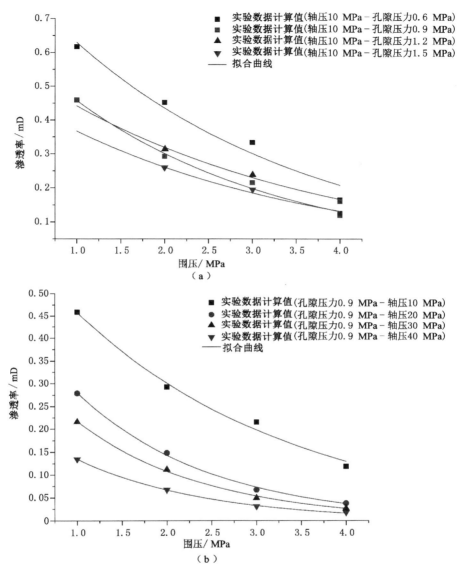

(a) 轴压为 10 MPa；(b) 孔隙压力为 0.9 MPa。

图 3-11 渗透率与围压的关系曲线

$$\left.\begin{array}{l} k=0.911\ 3\exp(-0.369\ 1\sigma_3)(R^2=0.952\ 6,p=0.6\ \text{MPa},\sigma_1=10\ \text{MPa}) \\ k=0.695\ 3\exp(-0.418\ 3\sigma_3)(R^2=0.987\ 4,p=0.9\ \text{MPa},\sigma_1=10\ \text{MPa}) \\ k=0.516\ 7\exp(-0.341\ 5\sigma_3)(R^2=0.994\ 5,p=1.2\ \text{MPa},\sigma_1=10\ \text{MPa}) \\ k=0.611\ 1\exp(-0.324\ 8\sigma_3)(R^2=0.995\ 7,p=1.5\ \text{MPa},\sigma_1=10\ \text{MPa}) \end{array}\right\} \quad (3\text{-}14)$$

$$\left.\begin{array}{l} k=0.695\ 3\exp(-0.418\ 3\sigma_3)(R^2=0.987\ 4,p=0.9\ \text{MPa},\sigma_1=10\ \text{MPa}) \\ k=0.548\ 2\exp(-0.671\ 1\sigma_3)(R^2=0.997\ 3,p=0.9\ \text{MPa},\sigma_1=20\ \text{MPa}) \\ k=0.435\ 4\exp(-0.696\ 3\sigma_3)(R^2=0.997\ 2,p=0.9\ \text{MPa},\sigma_1=30\ \text{MPa}) \\ k=0.272\ 3\exp(-0.701\ 6\sigma_3)(R^2=0.998\ 9,p=0.9\ \text{MPa},\sigma_1=40\ \text{MPa}) \end{array}\right\} \quad (3\text{-}15)$$

由式(3-14)和式(3-15)可知,原煤煤样的瓦斯渗透率随围压的增大而降低,呈非线性幂函数关系,本书所得结论与王登科等[206]和郭平[207]所得结论一致,其中,王登科等所用实验煤样为型煤煤样,而郭平所用实验煤样为原煤煤样。分析其原因可知,围压增加使得煤样内的孔隙裂隙逐渐压缩闭合,瓦斯渗流通道变小,气体通过渗流通道的阻力增大,无论是原煤还是型煤,围压的增加总会导致煤样渗透率降低。式(3-16)为原煤煤样渗透率与围压的一般关系表达式:

$$k = \alpha_4 \exp(-\beta_4 \sigma_3) \tag{3-16}$$

式中,α_4、β_4 为拟合系数。

3.3.3 不同吸附性气体对渗透率的影响分析

煤层中的瓦斯运移过程非常复杂,机理尚不够清晰,在应力、温度、孔隙结构和含水率等因素都基本相同的情况下,吸附作用对煤体渗透率有明显的影响。一方面,煤基质表面吸附气体分子,煤体表面分子与内部分子之间引力减小,张力降低,分子间距离增大,煤体骨架发生膨胀,从而使得煤体强度降低,易于破碎;煤体吸附能力越强,达到加速破坏的时间越短,变形速度越高,吸附膨胀变形量越大,在相同的受载情况下破坏越严重。另一方面,煤体吸附气体分子,煤基质单位表面积吸附气体分子量增大,瓦斯渗流通道减小,从而使得瓦斯在煤体中的渗透能力受到影响,渗透率下降;煤体和孔隙对气体的吸附性越强,瓦斯渗流通道减小量越大,煤体瓦斯渗透率越低[157,208]。

本实验利用不同的吸附性气体 CH_4、CO_2 和 N_2,在围压和轴压一定的情况下,通过改变气体及其压力,研究煤体渗透率与不同吸附性气体之间的关系;同时,在保证每种气体孔隙压力一定的情况下,改变围压大小,研究围压对不同吸附性气体渗透率的影响。

实验结果如图 3-12 和图 3-13 所示。由实验结果可得如下结论:① 煤样与孔隙对气体吸附性越强,气体渗透率越低;② 随孔隙压力的增加,渗透率逐渐降低;③ CO_2、CH_4、N_2 的吸附性大小关系为:$CO_2 > CH_4 > N_2$,三者的渗透率大小关系为:$CO_2 < CH_4 < N_2$。该结论与 J.Gawuga 和 V.V.Khodot 的研究成果基本一致,即气体分子吸附能力越强,单位时间内煤基质单位表面积吸附气体分子的量越大,渗流通道也就越小,从而导致渗透率越小[24-25]。

3.3.4 有效应力对渗透率的影响分析

根据唐巨鹏等[51]、殷黎明等[209]、彭守建等[210]的研究成果可知,在煤样受载过程中,渗透率与有效应力之间存在明显的耦合关系。关于受载含瓦斯煤的有效应力方程,将在下一章详细分析。

本实验以有效应力为变化量,在固定孔隙压力和围压的条件下,逐级加载轴压,测试不同有效应力情况下的煤样渗透率,建立有效应力与渗透率之间的定量关系,得出具体的函数表达式。

本实验的孔隙压力为 0.6 MPa、0.9 MPa 和 1.2 MPa,温度为 30 ℃。具体实验步骤如下:① 将温度设定到预定值,把实验系统放入恒温水浴箱内,待煤样和 CH_4 气体温度均恒定时,首先稍加轴压使上压头压住煤样,然后逐级加载轴压,在实验过程中始终保持孔隙压力

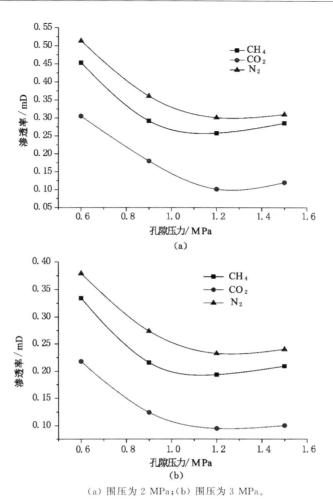

（a）围压为 2 MPa；（b）围压为 3 MPa。

图 3-12　不同吸附性气体孔隙压力与渗透率的关系曲线

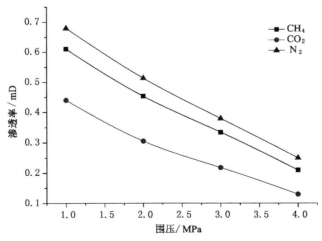

图 3-13　不同吸附性气体围压与渗透率的关系曲线

小于围压。为避免煤样中所吸附的杂质气体对实验结果造成误差,实验前必须进行真空脱气。② 当煤样吸附平衡后,将进气口压力保持预定压力,将出气口阀门打开,待气体流量稳定以后测试数据并记录,等该过程完成后即施加下一级应力。受载含瓦斯煤渗流实验结果如表 3-9 所示。

表 3-9 受载含瓦斯煤渗流实验结果

煤样	温度/℃	有效应力/MPa			渗透率/mD		
		孔隙压力 0.6 MPa	孔隙压力 0.9 MPa	孔隙压力 1.2 MPa	孔隙压力 0.6 MPa	孔隙压力 0.9 MPa	孔隙压力 1.2 MPa
煤样 1	30	2.37	2.22	2.07	1.000	0.584	0.453
	30	6.59	6.44	6.29	0.452	0.292	0.257
	30	8.87	8.72	8.57	0.254	0.200	0.176
	30	11.26	11.11	10.96	0.128	0.134	0.128
	30	13.90	13.75	13.60	0.102	0.091	0.088
	30	16.87	16.72	16.57	0.046	0.067	0.074
	30	18.07	17.92	17.77	0.035	0.044	0.050
煤样 2	30	3.18	3.03	2.88	0.719	0.427	0.302
	30	7.25	7.106	6.95	0.334	0.215	0.191
	30	9.29	9.146	8.99	0.173	0.136	0.125
	30	12.00	11.85	11.70	0.106	0.084	0.076
	30	15.59	15.44	15.29	0.030	0.031	0.052
	30	18.89	18.74	18.59	0.020	0.022	0.037
	30	21.54	21.39	21.24	0.015	0.015	0.025

由表 3-9 数据可得有效应力与煤样渗透率的关系曲线(见图 3-14),有效应力与渗透率之间的关系表达式如下所示:

$$\left.\begin{array}{l} k = 1.643\ 9\exp(-0.206\ 4\sigma_e)\ (R^2 = 0.996\ 2, p = 0.6\ \text{MPa}) \\ k = 0.837\ 1\exp(-0.162\ 2\sigma_e)\ (R^2 = 0.999\ 0, p = 0.9\ \text{MPa}) \\ k = 0.604\ 3\exp(-0.138\ 7\sigma_e)\ (R^2 = 0.996\ 9, p = 1.2\ \text{MPa}) \end{array}\right\} \quad (3\text{-}17)$$

$$\left.\begin{array}{l} k = 1.441\ 4\exp(-0.215\ 7\sigma_e)\ (R^2 = 0.994\ 1, p = 0.6\ \text{MPa}) \\ k = 0.751\ 5\exp(-0.183\ 7\sigma_e)\ (R^2 = 0.996\ 9, p = 0.9\ \text{MPa}) \\ k = 0.458\ 6\exp(-0.139\ 6\sigma_e)\ (R^2 = 0.989\ 3, p = 1.2\ \text{MPa}) \end{array}\right\} \quad (3\text{-}18)$$

从图 3-14 可以看出,随着有效应力增加,煤样渗透率均呈下降趋势,有效应力与渗透率之间符合指数函数关系。分析其原因可知:在有效应力逐渐增加的情况下,煤样发生收缩变

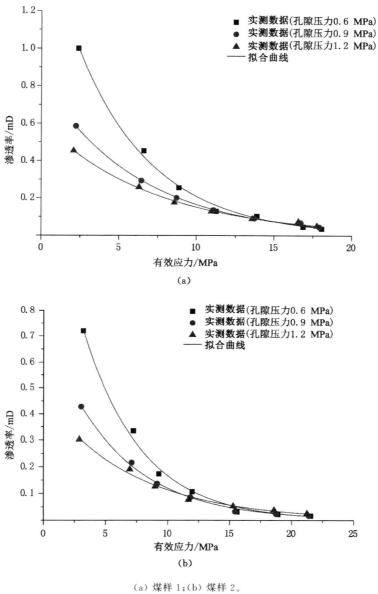

（a）煤样 1；（b）煤样 2。

图 3-14　有效应力与煤样渗透率的关系曲线

形，煤样内的孔隙裂隙在压缩状态下逐渐闭合，从而引起煤样渗透率的降低。

根据上述公式可得渗透率与有效应力关系的一般表达式为：

$$k = \alpha_5 \exp(-\beta_5 \sigma_e) \tag{3-19}$$

式中，α_5，β_5 为拟合系数。

当有效应力 $\sigma_e = 0$ 时，由式（3-19）可知，$\alpha_5 = k_0$，则式（3-19）变为：

$$k = k_0 \exp(-\beta_5 \sigma_e) \tag{3-20}$$

3.3.5 温度效应对渗透率的影响分析

地应力是煤体渗透率的主要影响因素,而地温随埋藏深度的增加逐渐升高,原岩应力和温度共同影响矿井深部煤体渗透率。已有很多学者对煤体渗透率与温度的关系进行了研究。其中,程瑞端等[55]和张广洋等[59]分别进行了实验研究,但得到的实验结果相反;杨胜来等[60]做了不同温度条件下煤层气渗透率的实验,得出了渗透率随温度升高而增大的结论;梁冰等[211]和冉启全等[212]研究了不施加围压情况下岩土的渗透率与应变和温度的关系,但未能明确指出应力作用下温度与渗透率的关系;李志强等[61-62]得出了应力和温度共同影响下的渗透率计算方法;另有其他领域的研究者,利用煤油、水、空气等流体对灰岩、砂岩等不同岩样做过不同温压条件下的渗流实验研究[213-216]。

本实验为了研究温度效应对渗透率的影响,分别进行了温度为 20 ℃、30 ℃和 40 ℃,孔隙压力为 0.6 MPa、0.9 MPa、1.2 MPa 和 1.5 MPa,围压为 1 MPa、2 MPa、3 MPa 和 4 MPa条件下的三轴加载渗透实验。

如图 3-15 至图 3-17 所示,渗透率与煤样所处的应力状态密切相关,在较小的有效应力变化范围内,40 ℃时的渗透率曲线下降斜率比 20 ℃、30 ℃时的大,20 ℃时的最小,这与李志强等[61]所得结论相一致。分析可知:煤样渗透率取决于煤样的孔隙裂隙分布特征,不受载煤样的煤基质随温度的升高而产生热膨胀变形,温度波动范围越大,膨胀变形量越大,煤样中孔隙裂隙张开范围越大。本实验温度平衡时间为 12 h,在进行渗流实验时,煤样温度已达到预定温度(由温度传感器测定)。

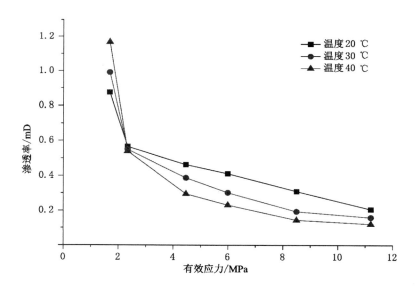

图 3-15　渗透率与有效应力的关系曲线

图 3-15 中在同一有效应力坐标下比较,煤样渗透率与煤样所处的应力状态有关,在低应力区,随着有效应力的增加渗透率下降幅度大,而在较高应力区,随着有效应力的增加渗

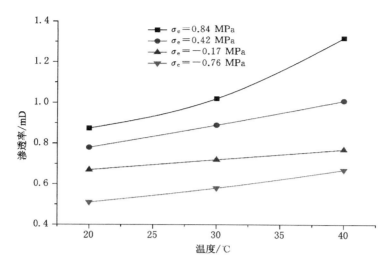

图 3-16　较低有效应力条件下渗透率与温度的关系曲线

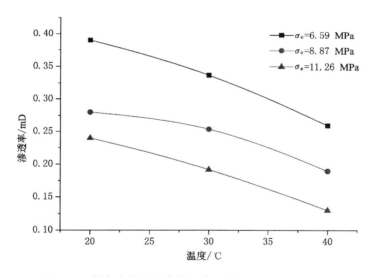

图 3-17　较高有效应力条件下渗透率与温度的关系曲线

透率下降幅度反而小。有效应力 σ_e 在 1.68～2.33 MPa 时,40 ℃时的渗透率大于 20 ℃时的渗透率,30 ℃时的渗透率介于两者之间。$\sigma_e > 2.33$ MPa 时,40 ℃时的渗透率随有效应力增大下降幅度最大,20 ℃时的渗透率随有效应力增大下降幅度最小,30 ℃时的渗透率下降幅度介于两者之间。分析认为:在低有效应力区,温度升高导致煤样热膨胀变形应力大于有效应力,煤样内孔隙裂隙张开,表现为以向外膨胀为主导,从而导致渗透率随温度升高而增大;当 $\sigma_e > 2.33$ MPa时,煤样热膨胀变形应力小于有效应力,煤样内孔隙裂隙逐渐被压缩,表现为以向内膨胀为主导,从而致使孔隙裂隙变窄,呈现渗透率随温度升高而降低的现象,这与李祥春等[217]的研究结论相一致。

图 3-16 为较低有效应力($\sigma_e < 2.33$ MPa)条件下渗透率随温度的变化曲线,可知在该种

状态下,渗透率随温度的升高而增加。分析原因可知,煤样温度升高后,将产生各个方向的热膨胀应力,当热膨胀应力大于有效应力时,煤体骨架颗粒向外膨胀,煤样内的孔隙裂隙向外张开,从而导致渗透率增加。

图 3-17 为较高有效应力($\sigma_e > 2.33$ MPa)条件下渗透率随温度的变化曲线,可知在该种状态下,渗透率随温度的升高而减小。分析原因可知,当热膨胀应力小于有效应力时,煤样外向膨胀受阻,只能向煤样内部的孔隙裂隙空间膨胀,从而使得煤样内部孔隙裂隙空间变窄,渗流通道减小,渗透率降低。

根据以上实验关系,对本实验数据进行回归分析、整理,提出应力与温度共同影响下的渗透率计算式:

$$\begin{cases} k = k_0 (1 + \Delta t)^n \exp\left[-\gamma(\sigma_e - \sigma_f)\right], \text{当 } \sigma_e \leqslant 2.33 \text{ MPa 时} \\ k = k_0 (1 + \Delta t)^n \exp\left[-\gamma(\sigma_e + \sigma_f)\right], \text{当 } \sigma_e > 2.33 \text{ MPa 时} \end{cases} \tag{3-21}$$

式中,k 为渗透率,mD;k_0 为 $\Delta t = 0$ 和 $\sigma_e = 0$ 时的渗透率,mD;σ_e 为有效应力,MPa;σ_f 为温度效应产生的应力,MPa;γ 为拟合系数。

3.4 全应力-应变过程受载含瓦斯煤渗透率变化特征

在煤层开采过程中,受采掘活动影响,原岩应力发生变化,从而导致煤体所受应力改变并产生变形,渗透率随之发生变化,进而影响瓦斯渗流规律。因此,研究受载含瓦斯煤渗流规律对认识煤与瓦斯突出机理和瓦斯运移规律都具有十分重要的意义。本实验主要研究受载含瓦斯煤加载过程中渗透率变化规律,在围压和孔隙压力保持一定的情况下逐级施加载荷,直至煤样破坏。实验过程中的煤样应力-应变数据由相应的数据采集系统自动采集。实验所得受载含瓦斯煤渗透率-应变与全应力-应变曲线如图 3-18 至图 3-31 所示。

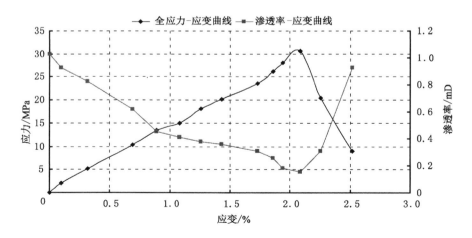

图 3-18 孔隙压力 0.6 MPa、围压 1.0 MPa 条件下受载含瓦斯煤渗透率-应变与全应力-应变曲线

由图 3-18 至图 3-31 可以看出:

(1)所有受载含瓦斯煤的渗透率-应变曲线变化趋势大致相同,基本都是渗透率随着应

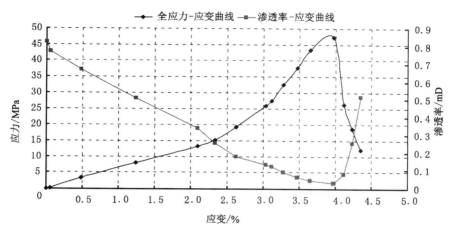

图 3-19　孔隙压力 0.6 MPa、围压 2.0 MPa 条件下受载含瓦斯煤渗透率-应变与全应力-应变曲线

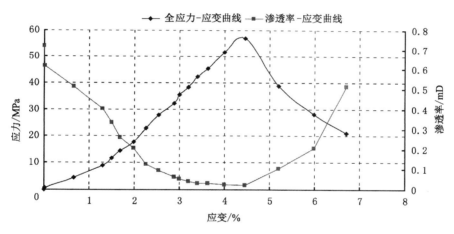

图 3-20　孔隙压力 0.6 MPa、围压 3.0 MPa 条件下受载含瓦斯煤渗透率-应变与全应力-应变曲线

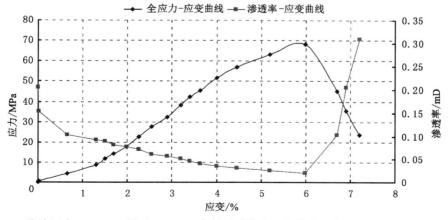

图 3-21　孔隙压力 0.6 MPa、围压 4.0 MPa 条件下受载含瓦斯煤渗透率-应变与全应力-应变曲线

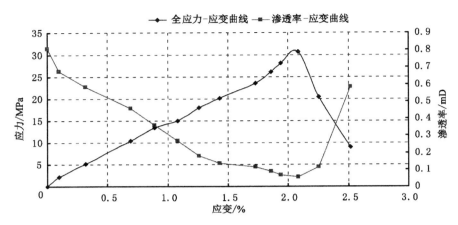

图 3-22　孔隙压力 0.9 MPa、围压 1.0 MPa 条件下受载含瓦斯煤渗透率-应变与全应力-应变曲线

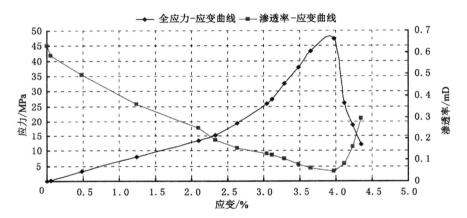

图 3-23　孔隙压力 0.9 MPa、围压 2.0 MPa 条件下受载含瓦斯煤渗透率-应变与全应力-应变曲线

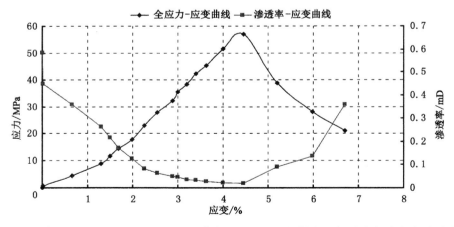

图 3-24　孔隙压力 0.9 MPa、围压 3.0 MPa 条件下受载含瓦斯煤渗透率-应变与全应力-应变曲线

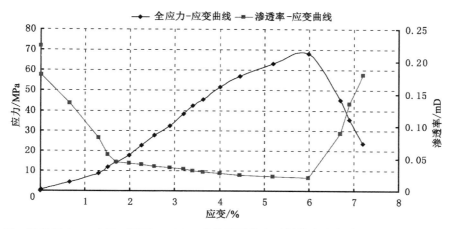

图 3-25　孔隙压力 0.9 MPa、围压 4.0 MPa 条件下受载含瓦斯煤渗透率-应变与全应力-应变曲线

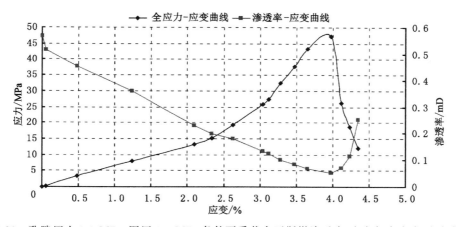

图 3-26　孔隙压力 1.2 MPa、围压 2.0 MPa 条件下受载含瓦斯煤渗透率-应变与全应力-应变曲线

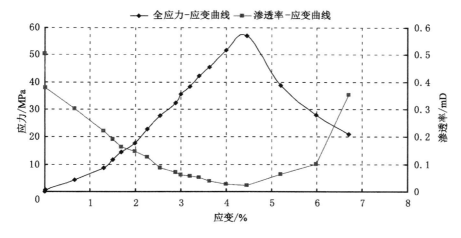

图 3-27　孔隙压力 1.2 MPa、围压 3.0 MPa 条件下受载含瓦斯煤渗透率-应变与全应力-应变曲线

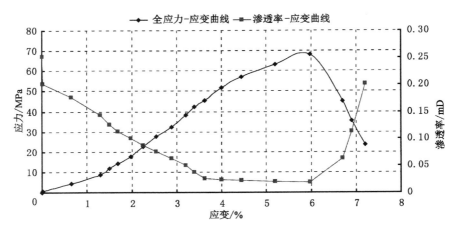

图 3-28　孔隙压力 1.2 MPa、围压 4.0 MPa 条件下受载含瓦斯煤渗透率-应变与全应力-应变曲线

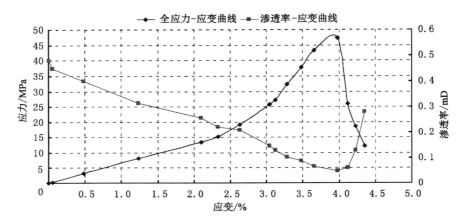

图 3-29　孔隙压力 1.5 MPa、围压 2.0 MPa 条件下受载含瓦斯煤渗透率-应变与全应力-应变曲线

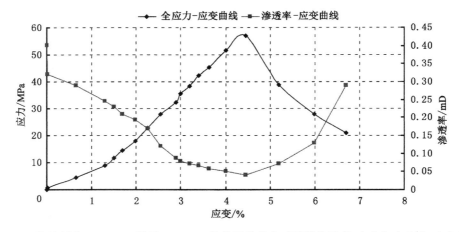

图 3-30　孔隙压力 1.5 MPa、围压 3.0 MPa 条件下受载含瓦斯煤渗透率-应变与全应力-应变曲线

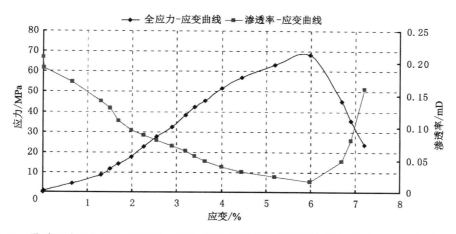

图 3-31 孔隙压力 1.5 MPa、围压 4.0 MPa 条件下受载含瓦斯煤渗透率-应变与全应力-应变曲线

变的增加而下降,当达到煤样破坏强度后渗透率瞬间变大。

(2)受载含瓦斯煤渗透率在煤样发生破坏时达到最小值,这与其他学者所研究的最小渗透率产生在屈服点到峰值强度之间有差异,主要是由于本实验采用的是原煤煤样,煤样较为致密,不存在型煤的二次压密现象。

(3)受载含瓦斯煤变形过程中其渗透率的变化规律为:在煤样孔隙闭合和弹性变形阶段,渗透率随应力增加而逐渐减小;当煤样进入屈服阶段后,煤样渗透率为最小,当煤样达到屈服强度时其渗透率出现反超现象;峰值强度之后施加相同载荷的应力,煤样变形量增大,渗透率继续增大,直到实验结束。本实验在煤样破坏后就立刻停止,目的在于保证热缩管的完整性,避免因煤样破坏造成热缩管的破裂而导致高压液压油进入煤样。

3.5 受载含瓦斯煤渗透率对有效应力敏感性分析

(1)煤样渗透率对有效应力敏感系数的定义

地应力、地质构造、煤体结构、煤体孔隙特征、煤变质程度等都不同程度地影响着煤层渗透率,为了突出重点,可以定义渗透率对有效应力的敏感系数,依此得到有效应力对渗透率的影响特征。渗透率对有效应力的敏感系数 C_k 可表达为[210]:

$$C_k = -\frac{1}{k_0} \frac{\partial k}{\partial \sigma_e} \tag{3-22}$$

由式(3-22)可知:煤样渗透率对有效应力的变化越是敏感,C_k 越大;反之,则 C_k 越小。

(2)实验结果

由于渗透率 k 是在非连续有效应力的情况下得到的,所以用下式计算 C_k[210]:

$$C_k = -\frac{1}{k_0} \frac{\Delta k}{\Delta \sigma_e} \tag{3-23}$$

利用式(3-23)对表 3-9 中数据进行分析,可得到 C_k-σ_e 的拟合曲线,如图 3-32 所示。由图 3-32 可知,在有效应力处于较低范围内时,随着有效应力增加,C_k 下降幅度大,随着有效应力的继续增加,C_k 变化趋于平缓,这与渗透率随有效应力的增加而趋于平缓是相一致的,也表明 C_k 可以有效地反映煤样渗透率随有效应力的变化趋势。煤样的 C_k-σ_e 关系方程可以表达为:

$$C_k = \alpha_6 \sigma_e^{-\beta_6} \tag{3-24}$$

式中,α_6,β_6 为拟合系数。

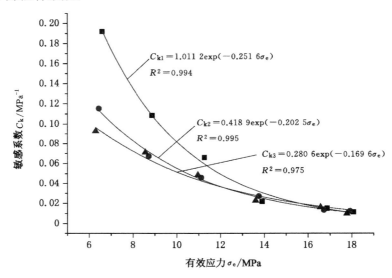

图 3-32　有效应力与敏感系数的拟合关系曲线

3.6　非线性渗流方程

假设煤层瓦斯在其压力梯度的作用下在渗透空间做层流运动,符合达西定律;同时考虑克林肯贝格效应[218],煤层瓦斯的渗流速度可表示为:

$$v = -\frac{k}{\mu}\left(1 + \frac{m}{p}\right) \cdot \nabla p \tag{3-25}$$

式中,v 为渗流速度,m/s;m 为克林肯贝格系数,Pa;∇p 为压力梯度,MPa/m。

将式(3-19)代入式(3-25)可得:

$$v = -\frac{\alpha_5 \exp(-\beta_5 \sigma_e)}{\mu}\left(1 + \frac{m}{p}\right) \cdot \nabla p \tag{3-26}$$

式中,$\frac{\alpha_5}{\mu}\left(1 + \frac{m}{p}\right)$ 用系数 ζ 代替,则式(3-26)可简化为:

$$v = -\zeta \exp(-\beta_5 \sigma_e) \cdot \nabla p \tag{3-27}$$

将实验数据整理并分析后,利用式(3-27)对实验数据进行拟合(见图 3-33),其关系曲线呈现明显的非线性特征。拟合曲线相关性较好,由此可知拟合曲线与实验数据较吻合,能很好地描述煤层瓦斯非线性渗流的全过程。

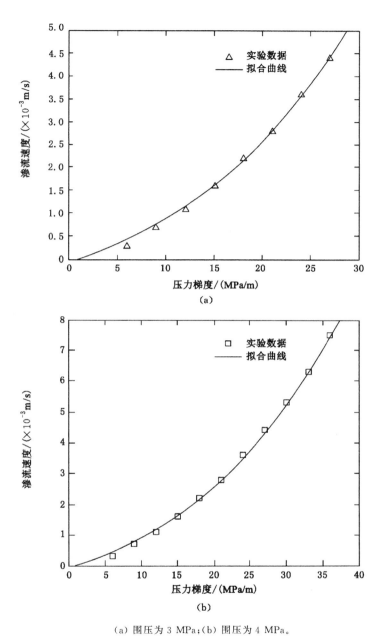

（a）围压为 3 MPa；（b）围压为 4 MPa。

图 3-33 不同围压情况下非线性渗流特征曲线

4 受载含瓦斯煤有效应力方程及渗透率演化模型

4.1 概　　述

　　煤是一种复杂的多孔介质,其孔隙结构决定煤体结构,而煤体中微孔结构、孔隙裂隙特征决定煤体的吸附容积和存储性能,又与煤体渗透特性有着紧密的联系。大量研究表明,煤体的微孔结构决定着煤体吸附能力,而孔隙裂隙对瓦斯的运移起着主要作用,决定着煤层的渗透性,然而煤样孔隙结构受地应力的影响[219-220],因此研究煤体孔隙结构和孔隙率的变化规律是相当重要的。目前,对煤体孔隙结构的研究成果已经相当多,大多集中于孔隙成因、孔隙大小、比表面积、孔隙特征和孔隙率的研究,且大多借助电镜扫描法、压汞法、液氮吸附法等方式,而对受载煤体在不同受载阶段孔隙率变化规律的研究相当罕见。本书结合前人的研究成果,依据力学平衡原理、气体状态方程和孔隙率分析的基本原理,在考虑温度和有效应力的情况下,研究不同受载阶段煤体孔隙率的变化规律,建立受载含瓦斯煤孔隙率的动态方程,为渗透率演化模型的建立提供理论基础。

4.2 煤体孔隙结构研究方法

4.2.1 煤体孔隙成因

　　煤体孔隙的形成原因及发育特征在一定程度上可反映煤层产气、储气和气体渗透的性能。国内外大量学者按照成因类型对煤体的孔隙进行分类。其中,孙波等[221]、亓中立[222]、徐龙君等[223]根据煤体孔隙的成因类型将其划分为植物粒间孔、铸模孔、组织孔、晶间孔、气孔、溶蚀孔等;张慧等[224]依据煤体结构以及煤变质程度和煤岩显微组分、变形特征,参考对煤样的电镜扫描结果,对煤体的孔隙成因类型进行分类,结果如表 4-1 所示。

表 4-1　煤体孔隙分类

分类	孔　隙　成　因	亚类
原生孔	成煤植物本身所具有的细胞结构孔	胞腔孔
	镜屑体、惰屑体和壳屑体等碎屑状颗粒之间的孔	屑间孔
变质孔	凝胶化物质在变质作用下缩聚而形成的链之间的孔	链间孔
	煤变质过程中由生气和聚气作用而形成的孔	气 孔

表 4-1(续)

分类	孔隙成因	亚类
外生孔	煤受构造应力破坏而形成的角砾之间的孔	角砾孔
	煤受构造应力破坏而形成的碎粒之间的孔	碎粒孔
	压应力作用下面与面之间摩擦而形成的孔	摩擦孔
矿物质孔	煤中矿物质在有机质中因硬度差异而铸成的印坑	铸模孔
	可溶性矿物质在长期气、水作用下受溶蚀而形成的孔	溶蚀孔
	矿物晶粒之间的孔	晶间孔

4.2.2　煤体孔隙大小分类

由于煤体的孔隙结构系统继承性地负载了植物组织结构,植物原始结构和成煤作用决定了煤体形态各异的孔隙结构[225-227]。吴俊[228]和秦勇[229]按照孔隙的大小将孔隙分为微孔、过渡孔、中孔和大孔等,按形态类型分为有效孔隙和孤立孔隙,有效孔隙是瓦斯运移的通道,而孤立孔隙为没有任何连通通道的"孤孔",有效孔隙可分为渗透-扩散孔、独端孔和细颈瓶孔。张新民利用电子显微镜得到了煤体中孔隙分布特征,如图 4-1 所示。

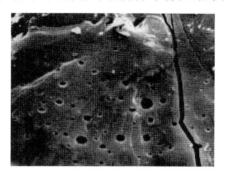

图 4-1　煤体中孔隙分布特征

4.2.3　煤体孔隙表征方法

煤层既是煤层气的气源层,又是其储集层。煤层气储集层即煤层本身是一种孔隙裂隙双重多孔介质,由煤基质的孔隙和裂隙组成,而且具有独特的割理系统。煤基质孔隙裂隙的形态、大小、连通性和孔隙率等又决定煤层气的产出、储集和运移。煤体的孔隙结构十分复杂,从孔径最小的微孔到孔径较大的中孔直至孔径最大的大孔,具有较宽范围的孔径分布。目前,通常采用压汞法、液氮吸附法和电镜扫描法来获取煤体的孔隙结构特征参数,再进一步研究煤体的孔隙性[230]。煤体的孔隙性是指煤储层的物理性质,一般用孔体积、中值孔径、比表面积、孔隙率等参数表征[231-232]。

孔体积,是指单位质量煤样中所含孔隙的体积,单位为 cm³/g。比表面积,是指单位质量煤样中所含有的孔隙表面积,单位为 m²/g。不同孔径段内的煤体比表面积、孔体积可反映出孔隙结构的信息。中值孔径是用来直接表征孔隙结构的参数,是指一半的孔体积或比表面积对应的平均孔隙孔径的大小,前者称为孔体积中值孔径,后者称为比表面积中值孔径。目前,对孔体积、比表面积、孔隙率等孔隙结构参数的测定一般多采用光学显微镜法、电镜扫描法、压汞法、液氮吸附法或者其中两者相结合的方法。但各种测试方法都有一定的限制范围,如压汞法一般用于测定孔径大于 10 nm 的孔隙,液氮吸附法一般用于测定孔径小于 10 nm 的孔隙。各种孔隙测定方法及所能测试孔径的范围如图 4-2 所示。

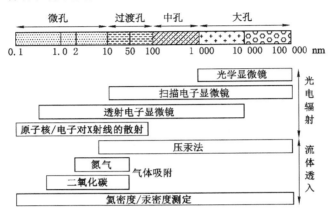

图 4-2　孔型分类及测定孔径的各种方法

　　然而上述各种测试方法所取煤样均为粒径较小的煤粒,煤样质量较小,对受载含瓦斯煤在不同受载阶段孔隙率的变化特征未有相关文献进行研究。本书利用非吸附性气体氦气对不同受载阶段的孔隙率进行表征,来研究有效应力对受载含瓦斯煤孔隙率的影响。

4.3　受载含瓦斯煤孔隙率变化实验研究

4.3.1　实验目的

　　为了模拟煤层在受载过程中孔隙率的变化情况,以受载含瓦斯煤为研究对象,根据气体状态方程原理,利用非吸附性气体氦气,测定受载含瓦斯煤在不同受载阶段孔隙率的变化规律,研究有效应力与受载含瓦斯煤孔隙率之间的关系。

4.3.2　实验设备

　　本实验在受载含瓦斯煤渗流特性实验装置上进行,实验系统结构示意图如图 4-3 所示。

4.3.3　实验内容

　　本实验以有效应力为变量,充分考虑受载含瓦斯煤在不同工况条件下的孔隙率变化特征,在不同围压和轴压的作用下,研究不同加载阶段煤样孔隙率的变化特征,根据实验结果建立受载含瓦斯煤孔隙率与有效应力之间的定量关系。

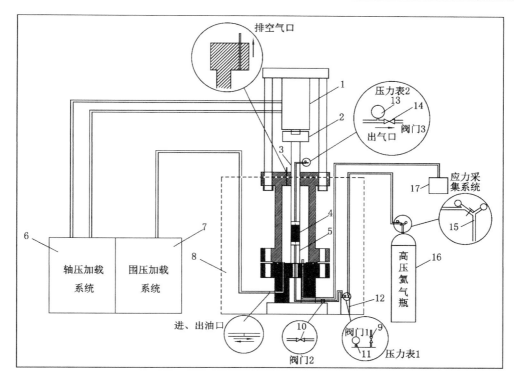

1—液压缸;2—轴压传感器;3—上压头;4—试样;5—下压头;6—轴压加载系统;

7—围压加载系统;8—温度控制系统;9—阀门1;10—阀门2;11—压力表1;12—缓冲罐;

13—压力表2;14—阀门3;15—减压阀;16—高压氦气瓶;17—应力采集系统。

图 4-3　实验系统结构示意图

实验温度为 30 ℃,围压分别为 2 MPa 和 3 MPa。实验顺序设计为先固定围压、后增加轴压到一定载荷,测定该应力状态下的煤样孔隙率;再增加轴压到更大载荷,测定该应力状态下的孔隙率。重复同样的实验步骤,更好地搞清在不同受载阶段下有效应力对煤样孔隙率的影响。

4.3.4　实验步骤

（1）气密性检查

根据上述实验装置原理,实验前应对该装置进行气密性检查。选用与受载煤样尺寸相同的 $\phi 50$ mm$\times 100$ mm 铝块装入受载含瓦斯煤渗流特性实验装置中,施加一定围压,保证所充气体孔隙压力始终小于围压,同时施加一定的轴压,然后向缓冲罐和受载含瓦斯煤渗流特性实验装置中通入一定量的氦气,并记录实验装置压力表读数,存放 24 h 后再观察压力表读数。如果压力表读数不变,则认为实验系统不漏气;如果压力表读数下降,则须对仪器管路、阀门、罐体重新检查,直到实验系统不漏气为止。

（2）实验仪器自由空间标定

为了保证测试受载煤样孔隙率的准确性,需要对实验所使用的缓冲罐和系统管路的体积进行标定。测试装置如图 4-4 所示。

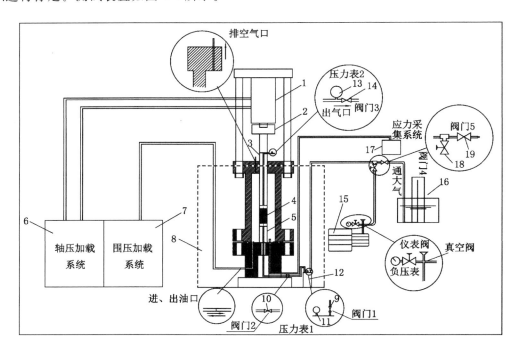

1—液压缸;2—轴压传感器;3—上压头;4—试样;5—下压头;6—轴压加载系统;
7—围压加载系统;8—温度控制系统;9—阀门 1;10—阀门 2;11—压力表 1;12—缓冲罐;
13—压力表 2;14—阀门 3;15—真空泵;16—量筒;17—应力采集系统;18—阀门 4;19—阀门 5。

图 4-4　自由空间测试装置图

为了能够精确测定缓冲罐、连接管路、上下压头中的自由空间体积,先做如下规定:将阀门 3 左侧管路体积和上压头自由空间体积设为 V_1,将阀门 2 左侧管路体积与下压头自由空间体积设为 V_2,将缓冲罐体积和阀门 1 体积设为 V_3,将缓冲罐左侧与阀门 2 右侧管路体积设为 V_4。首先用真空泵分段抽取缓冲罐、上下压头和连接管路中的杂质气体直至压力为 p_f(p_f 尽量接近绝对真空 0 Pa),关闭真空泵后系统压力在 2 h 内一直保持稳定,即完成真空脱气。然后按照先后顺序依次开启阀门,记录标准量筒液面上升高度,在考虑饱和水蒸气分压力的情况下计算各个自由空间体积,按照上述步骤重复测试 4 次,取平均值。测试结果如表 4-2 所示。

表 4-2　自由空间体积测试结果

自由空间体积	第一次测定/cm³	第二次测定/cm³	第三次测定/cm³	第四次测定/cm³	平均值/cm³
V_1	33	31	32	32	32
V_2	12	13	12	11	12
V_3	207	206	206	205	206
V_4	7	5	6	6	6

（3）受载煤样孔隙率测定

为排除水分的影响，将煤样放入温度为 100 ℃ 的马弗炉中烘干，然后称取煤样质量。根据《煤的真相对密度测定方法》（GB/T 217—2008）和《煤的视相对密度测定方法》（GB/T 6949—2010）测定煤样的真相对密度 $\rho_{真}$ 及视相对密度 $\rho_{视}$。

煤样受载时孔隙率测定：将煤样放进受载含瓦斯煤渗流特性实验装置中，用真空泵对整个系统抽气，抽气时间不少于 24 h，以排除煤样中的杂质气体，待真空脱气完成后对煤样施加预定围压和轴压，向缓冲罐充入一定量的氦气，并读取压力表 1 读数 p_1，打开阀门 2，让氦气进入受载含瓦斯煤渗流特性实验装置中，关闭阀门 2，读取压力表 1 读数 p_2，待压力表 2 压力稳定后，平衡时间不少于 12 h，读取压力表 2 读数 p_3。其中，缓冲罐气体减少量等于进入受载含瓦斯煤渗流特性实验装置中的气体量，根据气体状态方程，可求出受载煤样在此应力状态下的孔隙率。待该过程结束后施加下一级应力，然后按照上述过程重复实验，直至完成实验。

4.3.5 实验结果

本实验采用分级加载的方式，首先保证围压恒定，然后向缓冲罐中充入一定量的气体，待煤样中气体压力平衡后，读取并记录该状态下的孔隙压力，再实施下一级应力水平的加载。实验结果如表 4-3 所示，加载结束后煤样破裂形态如图 4-5 所示。

表 4-3　受载煤样孔隙体积测量结果

组数	围压/MPa	轴压/MPa	孔隙压力/MPa	煤样孔隙体积/cm³
1	2	0.90	0.75	7.89
		10.1	0.95	6.53
		15.4	1.00	5.60
		23.5	0.95	3.74
		28.3	0.80	2.87
		35.0	0.80	8.33
		7.10	0.65	14.85
2	3	1.00	0.75	7.36
		11.9	0.60	5.97
		16.6	0.95	5.14
		25.8	0.70	3.23
		32.5	1.00	1.85
		40.6	1.00	1.38
		47.3	0.70	8.05
		13.2	0.65	16.50

4.3.6 实验结果分析

分析实验结果可知，随着轴压的增大，煤样孔隙体积先呈现下降趋势，但下降幅度较小，

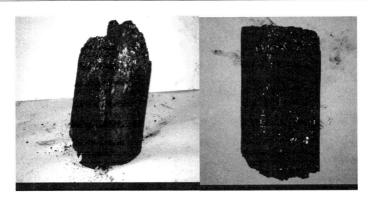

图 4-5　加载结束后煤样破裂形态

主要是由于原煤煤样的骨架结构抗压能力强,煤样颗粒之间凝聚力较强,在受到一定载荷初期煤样只发生弹性变形,煤样内部的原有孔隙裂隙进一步闭合,而随着围压的逐渐增大,原煤煤样内部的孔隙裂隙得到进一步发展,产生新的孔隙裂隙,煤样产生塑性变形,进入应变强化阶段。该阶段原煤煤样的原始孔隙裂隙的进一步发育和新生孔隙裂隙的出现,使得孔隙裂隙相互贯通成为开放性孔隙裂隙,即煤样孔隙裂隙有增大的趋势,同时可为瓦斯的流动提供通道,该过程中也伴随着已有裂隙被压实,但前者在原煤煤样孔隙裂隙的动态变化方面逐步占优。待原煤煤样达到其屈服强度后,煤样的损伤变形由连续损伤发展到局部损伤,部分微观孔隙裂隙形成宏观连通孔隙裂隙,煤样孔隙裂隙突然增大,同时伴随着应力的急剧降低,原本产生弹性变形的宏观裂纹发生了弹性卸载变形,原有裂纹共同承担的非弹性应变也逐步集中到由局部损伤产生的少数裂纹来承担。有效应力与煤样孔隙体积的关系曲线如图 4-6 所示。根据上述分析,受载煤样孔隙裂隙的变化与渗透率的变化是一致的,从而也表明了实验的合理性。

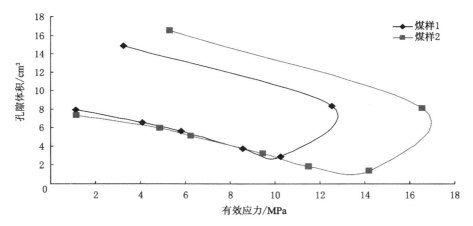

图 4-6　有效应力与煤样孔隙体积的关系曲线

4.4 孔隙率演化方程

4.4.1 吸附膨胀变形量

煤层瓦斯中吸附瓦斯占 90% 以上,而煤颗粒间、煤颗粒与气体分子间相互作用的引力及煤体表面积越大,煤体表面张力和吸附气体的能力也就越大,煤颗粒和气体分子之间的吸附能力就越强,即吸附常数 a、b 值越大,当气体分子被煤颗粒吸附后,煤体表面张力降低,体积膨胀。

单位体积煤体吸附瓦斯所产生的膨胀应力-应变可用下式表示[233-236]:

$$\sigma_p = \frac{2a_2\rho_v RT(1-2\upsilon)\ [\ln(1+bp)-\ln(1+bp_0)\ ]}{3V_m} \tag{4-1}$$

$$\varepsilon_p = \frac{2a_2\rho_v RTK_Y\ [\ln(1+bp)-\ln(1+bp_0)\ ]}{9V_m} \tag{4-2}$$

式中 σ_p——单位体积煤体吸附瓦斯所产生的膨胀应力;

        ε_p——单位体积煤体吸附瓦斯所产生的膨胀应变;

        K_Y——体积压缩系数,MPa^{-1}。

4.4.2 孔隙气体压缩变形量

在实验过程中孔隙压力的变化会引起围压的变化,主要是由于孔隙压力变化会使煤颗粒产生压缩应变 ε_s,可用下式表示[237-238]:

$$\varepsilon_s = -K_Y\Delta p' \tag{4-3}$$

式中 $\Delta p'$——压力变化量,$\Delta p' = p - p_0$,MPa。

4.4.3 温度效应变形量

温度的升高和降低会引起煤体温度变化,煤体温度变化则产生热膨胀变形。热膨胀包括内向膨胀和外向膨胀。内向膨胀主要是由于外力约束,煤体温度升高所产生的热膨胀变形只能产生内向膨胀,致使微孔隙或裂隙变窄。外向膨胀是指煤体环境温度升高后,将产生热膨胀应力,当临界有效应力小于热膨胀应力时,外围约束受到限制,煤体将向外方向膨胀,煤体内部裂隙扩展,出现随温度升高渗透率增大的现象;而当有效应力较大时,煤体将被压缩,温度越高的煤体其热膨胀应力越大,被压缩的空间也就越大,即随温度的升高渗透率逐渐降低。热膨胀变形量可用下式表示为[143]:

$$\varepsilon_f = \beta\Delta T \tag{4-4}$$

式中 ΔT——绝对温度变化量,$\Delta T = T - T_0$,K;

        β——煤的体积膨胀系数,$m^3/(m^3 \cdot K)$。

4.4.4 孔隙率模型

地应力、煤变质程度、煤的破坏类型、孔隙压力等因素对渗透率的影响,都是通过改变煤体孔隙率而引起渗透率变化的,即煤体孔隙率的大小决定着渗透率的高低。前述已经通过实验得出受载煤体在不同阶段孔隙率的变化规律,本部分将从理论上推导出孔隙率的演化方程。根据孔隙率和应变的定义,煤层受载变形后的孔隙裂隙体积等于变形前的孔隙裂隙体积减去煤层整体变形量、吸附膨胀变形量、孔隙气体压缩变形量和温度效应变形量,变形后的煤层体积则为变形前的体积减去煤层的变形量。根据上述分析,假设煤体内仅有瓦斯气体,则孔隙率可以表示为:

$$\varphi = \frac{V_p}{V_t} = \frac{V_{p0} + \Delta V_p}{V_{t0} + \Delta V_t}$$

$$= 1 - \frac{V_{s0}(1 + \Delta V_s / V_{s0})}{V_{t0}(1 + \Delta V_t / V_{t0})}$$

$$= 1 - \frac{1 - \varphi_0}{1 + \varepsilon_V}(1 + \Delta V_s / V_{s0}) \tag{4-5}$$

式中 V_t——煤体总体积,m^3;

       ΔV_t——煤体总体积变化量,m^3;

       ΔV_p——含瓦斯煤体孔隙体积变化量,m^3;

       ΔV_s——含瓦斯煤体骨架体积变化量,m^3;

       V_p——含瓦斯煤体孔隙总体积,m^3;

       V_{p0}——含瓦斯煤体初始孔隙体积,m^3;

       V_{t0}——煤体初始总体积,m^3;

       V_{s0}——含瓦斯煤体初始骨架体积,m^3;

       φ_0——含瓦斯煤体初始孔隙率,%;

       ε_V——体积应变。

煤体的本体变形 ΔV_s(含瓦斯煤体骨架体积变化量)主要由三部分组成:因孔隙瓦斯压力变化压缩煤体颗粒引起的变形 ΔV_{sp}、因煤体颗粒吸附瓦斯膨胀引起的变形 ΔV_{sf}、因热效应膨胀引起的变形 ΔV_{st}。本书在前人研究[143,192,239]的基础上,对孔隙率的变化量进行分析,可得以下关系式:

$$\Delta V_s = \Delta V_{sp} + \Delta V_{sf} + \Delta V_{st} \tag{4-6}$$

将式(4-6)两边同除以 V_{s0} 可得:

$$\frac{\Delta V_s}{V_{s0}} = \frac{\Delta V_{sp}}{V_{s0}} + \frac{\Delta V_{sf}}{V_{s0}} + \frac{\Delta V_{st}}{V_{s0}} \tag{4-7}$$

其中:

$$\begin{cases} \dfrac{\Delta V_{sp}}{V_{s0}} = -K_Y \Delta p' = -K_Y(p - p_0) \\[2mm] \dfrac{\Delta V_{sf}}{V_{s0}} = \dfrac{\Delta V_s}{V_{t0} - V_{p0}} = \dfrac{\varepsilon_p}{1 - \varphi_0} \\[2mm] \dfrac{\Delta V_{st}}{V_{s0}} = \beta(T - T_0) \end{cases} \tag{4-8}$$

将式(4-7)和式(4-8)联立可得:

$$\frac{\Delta V_{\mathrm{s}}}{V_{\mathrm{s0}}} = -K_{\mathrm{Y}}(p - p_0) + \beta(T - T_0) + \frac{\varepsilon_p}{1 - \varphi_0} \tag{4-9}$$

将式(4-2)至式(4-5)和式(4-9)联立可得：

$$\varphi = 1 - \frac{1 - \varphi_0}{1 + \varepsilon_V} \left\{ \begin{array}{c} 1 - K_{\mathrm{Y}}(p - p_0) + \beta(T - T_0) + \\ \dfrac{2a_2\rho_{\mathrm{v}}RTK_{\mathrm{Y}}[\ln(1 + bp) - \ln(1 + bp_0)]}{9V_{\mathrm{m}}(1 - \varphi_0)} \end{array} \right\} \tag{4-10}$$

4.5　有效应力与孔隙率之间的关系方程

在4.3节受载煤体孔隙率变化实验研究中,已经通过实验的方式研究了煤体孔隙率与有效应力之间的关系,本节则从理论方面进行推导,得出有效应力与孔隙率之间的关系方程,为建立渗透率演化模型提供理论基础。

取一煤体微元体,其体积为 V_{c},考虑该微元体孔隙裂隙中只有瓦斯气体,孔隙压力为 p_{c},环境温度为 T_0,平均有效应力为 $\sigma_{\mathrm{e}}{}'$。现做以下假设:① 在有效应力一定的情况下,温度由 T_0 变为 T,热膨胀效应导致含瓦斯煤微元体体积膨胀。② 在温度 T 保持不变的情况下,平均有效应力发生改变,增加的平均有效应力用 $\sigma_{\mathrm{e}}{}''$ 表示,孔隙压力用 p 表示,微元体孔隙结构因孔隙压力、温度效应和有效应力而发生变化,其体积 V'、孔隙压力 p 和温度 T 就代表了含瓦斯煤微元体的孔隙率在有效应力、孔隙压力、温度共同表征下的动态演化过程[240]。

4.5.1　温度效应对含瓦斯煤微元体的影响

微元体所处环境温度的变化,引起微元体产生热膨胀效应,导致微元体体积改变,根据体积膨胀系数的定义可得[240]:

$$\beta = \frac{1}{V}\frac{\mathrm{d}V}{\mathrm{d}T} \tag{4-11}$$

对式(4-11)积分可得到:

$$V = V_{\mathrm{c}}\mathrm{e}^{\beta\Delta T} \tag{4-12}$$

式中　V_{c}——含瓦斯煤微元体原始体积,m^3;

　　　V——因温度改变而发生热膨胀效应后的微元体体积,m^3;

　　　β——含瓦斯煤的体积膨胀系数,$\mathrm{m}^3/(\mathrm{m}^3 \cdot \mathrm{K})$;

　　　ΔT——温度的改变量,$\Delta T = T - T_0$,K。

式(4-12)即可表示微元体温度的变化对它的体积的影响。

4.5.2　温度和有效应力对含瓦斯煤微元体的共同影响

在微元体所处环境温度始终保持为 T 的情况下,周围有效应力改变导致微元体体积改变,根据体积压缩系数的定义[240]:

$$K = -\frac{1}{V}\frac{\mathrm{d}V}{\mathrm{d}\sigma_{\mathrm{e}}} \tag{4-13}$$

对式(4-13)积分可得到：

$$V' = V_c e^{\beta\Delta T - K\Delta\sigma_e} \tag{4-14}$$

式中 V'——温度和有效应力共同作用下含瓦斯煤微元体的体积，m^3；

K——温度为 T 时的体积压缩系数，MPa^{-1}。

对式(4-14)两边取对数可得：

$$\ln\frac{V'}{V_c} = \beta\Delta T - K\Delta\sigma_e \tag{4-15}$$

由于微元体体积应变 ε_V 为：

$$\varepsilon_V = \frac{V' - V_c}{V_c}$$

联立方程可得：

$$1 + \varepsilon_V = e^{\beta\Delta T - K\Delta\sigma_e} \tag{4-16}$$

将式(4-16)代入孔隙率演化方程，可得含瓦斯煤微元体的孔隙率在有效应力和温度共同表征下的动态演化方程。

$$\varphi = 1 - \frac{1-\varphi_0}{\exp(\beta\Delta T - K\Delta\sigma_e)}\left\{\begin{array}{c} 1 - K_Y(p - p_0) + \beta(T - T_0) + \\ \dfrac{2a_2\rho_v RTK_Y[\ln(1+bp) - \ln(1+bp_0)]}{9V_m(1-\varphi_0)} \end{array}\right\} \tag{4-17}$$

4.6 有效应力方程

4.6.1 受载含瓦斯煤变形机制

结合前人研究成果，笔者认为受载含瓦斯煤在应力、孔隙压力和温度效应的影响下存在三种变形机制：① 受载含瓦斯煤吸附膨胀和解吸收缩、温度效应的内向膨胀和外向膨胀及孔隙压力的压缩变形导致煤体骨架颗粒的变形而引起的煤体整体变形，称为本体变形（见图4-7）；② 外应力对受载含瓦斯煤的作用引起煤体骨架颗粒空间结构变化，煤体骨架颗粒之间的相对位移引起的煤体整体变形，称为结构变形（见图4-8）；③ 煤体骨架颗粒局部破坏而导致的受载煤体整体变形，称作损伤变形（见图4-9）。

受载含瓦斯煤总的变形是上述三种变形的代数和。弹性变形体现为本体变形，黏性变形体现为结构变形，塑性变形体现为损伤变形。损伤变形、结构变形都是不可逆的，只有本体变形是可逆的弹性过程。

4.6.2 本体有效应力

研究表明，含瓦斯煤体在受载初期其原有孔隙裂隙在外应力作用下逐渐闭合，煤体本身会产生瞬时的弹性应变响应，即本体变形。该阶段的变形基本可逆，煤体体积随应力的增加而逐渐减小，变形大小由煤体骨架的性质决定，取决于骨架平均应力 σ_s，而与煤体所受总应力 σ（外部应力）和孔隙压力 p（内部应力）并无直接关系。

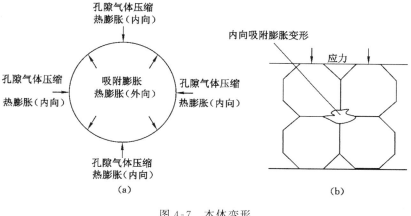

图 4-7 本体变形

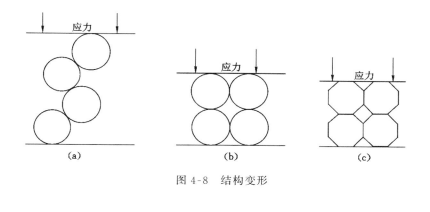

图 4-8 结构变形

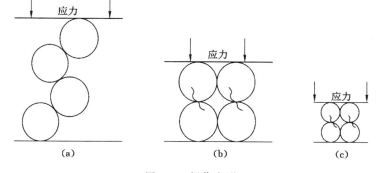

图 4-9 损伤变形

作用在煤体上并能使煤体产生本体变形的应力称为本体有效应力 $\sigma_e^{p[241]}$。本体有效应力 σ_e^p 使得煤体骨架发生变形,进而引起煤体产生本体变形。由此可知:本体有效应力 σ_e^p 使多孔介质煤体产生的本体变形量与总应力和孔隙压力共同作用(通过骨架平均应力 σ_s)引起的煤体本体变形量是一样的[242]。可见,σ_e^p 与 σ_s 之间存在着某种对应关系[243]。

在煤体中任取一截面,如图 4-10 所示,其截面积为 S,总应力 σ 施加在该截面上,由温度和瓦斯压力共同引起的总膨胀应力为 σ_i,则根据受力平衡原理可得:

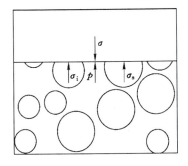

图 4-10　多孔介质本体应力关系图

$$\sigma S = p\varphi S + \sigma_s(1-\varphi)S + \sigma_i(1-\varphi)S \tag{4-18}$$

式中　$(1-\varphi)S$——煤体骨架应力的平均作用面积；

　　　φS——孔隙压力的平均作用面积。

对式（4-18）进行简化，可得应力关系方程：

$$\sigma = p\varphi + \sigma_s(1-\varphi) + \sigma_i(1-\varphi) \tag{4-19}$$

把 σ_s 折算到煤体试样的整个横截面积之上，即得到了煤体本体有效应力：

$$\sigma_e^p = \sigma - p\varphi - \sigma_i(1-\varphi) = \sigma_s(1-\varphi) \tag{4-20}$$

令 $\varphi^p = \dfrac{\sigma_i(1-\varphi)}{p} + \varphi$，则本体有效应力公式可以写成：

$$\sigma_e^p = \sigma - \varphi^p p \tag{4-21}$$

式（4-21）表示本体有效应力的函数，它决定多孔介质的本体应变量 ε_p：

$$\varepsilon_p = f_p(\sigma_e^p) \tag{4-22}$$

式中　f_p——本体应力与应变的函数。

4.6.3　结构有效应力

煤体受载后的黏性变形为结构变形，施加应力后，煤体骨架颗粒空间结构将根据新的应力条件进行调整，颗粒之间会发生相对位移。多孔介质结构应力关系如图 4-11 所示，取一接触点连成的曲面 OO'，认为该面不经过煤体的颗粒内部。设 S_{ci} 为第 i 个接触点应力的垂向分量 σ_{ci} 的作用面积的垂向投影面积，则应力平衡关系为[37-38,48]：

$$\sigma S = \sum \sigma_{ci} S_{ci} + (S - \sum S_{ci})p + \sigma_i \sum S_{ci} \tag{4-23}$$

令 $\sigma_e^s = \sum \sigma_{ci} S_{ci}/S$，$\varphi_s' = 1 - \sum S_{ci}/S$，$1 - \varphi_s' = \sum S_{ci}/S$，则式（4-23）可以写成：

$$\sigma_e^s = \sigma - p\varphi_s' - \sigma_i(1-\varphi_s') \tag{4-24}$$

令 $\varphi_s = \dfrac{\sigma_i(1-\varphi_s')}{p} + \varphi_s'$，则式（4-24）可以写成：

$$\sigma_e^s = \sigma - \varphi_s p \tag{4-25}$$

式中，φ_s 为受载煤体在考虑吸附膨胀、温度效应情况下接触点的孔隙率；φ_s' 为接触点的孔隙率；σ_e^s 决定多孔介质的结构应变量 ε_s。

$$\varepsilon_s = f_s(\sigma_e^s) \tag{4-26}$$

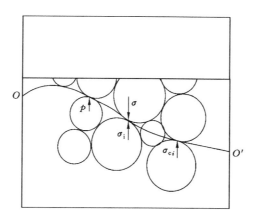

图 4-11 多孔介质结构应力关系图

式中 f_s——结构应力与应变的函数。

4.6.4 损伤有效应力

多孔介质的损伤变形即塑性变形,是由固体骨架的性质决定的,实际上是介质的宏观或微观破坏。该阶段煤样裂隙发展,直到煤样破裂为止,达到峰值强度后,煤样的承载能力急剧下降。对煤体来说,其骨架颗粒的接触处最易发生破坏,因该处为应力集中区,抗压强度也最为薄弱。煤体损伤变形的产生取决于颗粒的相对密度和抗压强度[145,244-245]。多孔介质损伤应力关系图如图 4-12 所示,其应力平衡关系为:

$$\sigma_s = pS\left(1 - \frac{1 - \varphi_t{'}}{1 - bD}\right) + \sigma_s S(1 - \varphi{'})\frac{1}{1 - bD} + \sigma_i S(1 - \varphi{'})\frac{1}{1 - bD} \qquad (4-27)$$

式中,D 为损伤系数;b 为局部破裂裂缝闭合系数。

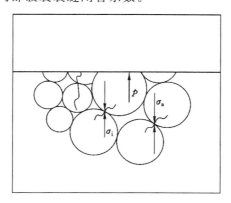

图 4-12 多孔介质损伤应力关系图

令 $\sigma_e^t = \sigma_s(1 - \varphi_t{'})\dfrac{1}{1 - bD}$,则式(4-27)变换为:

$$\sigma_e^t = \sigma - p\left(1 - \frac{1 - \varphi_t{'}}{1 - bD}\right) + \sigma_i(1 - \varphi{'})\frac{1}{1 - bD} \qquad (4-28)$$

令 $\varphi_t = \dfrac{\sigma_i(1-\varphi_t{}')}{p(1-bD)} + \left(1 - \dfrac{1-\varphi_t{}'}{1-bD}\right)$，则：

$$\sigma_e^t = \sigma - \varphi_t p \qquad (4-29)$$

式中，σ_e^t 为煤体颗粒在部分损伤破裂情况下的有效应力，由于煤体内颗粒损伤破裂，裂隙贯通发展，有效接触面积增大，有效应力相应减小；$\varphi_t{}'$ 为受载煤体有损伤破坏情况下的损伤孔隙率；φ_t 为受载煤体在考虑吸附膨胀、温度效应和有损伤破坏情况下的损伤孔隙率。式(4-27)中的 D 值根据煤体颗粒的损伤程度而定，在无损伤破裂时 $D=0$，式(4-27)可以转化为式(4-23)，即煤体破坏变形过程中不存在塑性变形；当煤体出现塑性损伤破坏时 $D>0$，则煤体应变为三者之和。

σ_e^t 决定煤体颗粒的损失应变量 ε_t：

$$\varepsilon_t = f_t(\sigma_e^t) \qquad (4-30)$$

式中　f_t——损伤应力与应变的函数。

在应力、孔隙压力和温度效应的共同作用下受载含瓦斯煤不同受载阶段的变形、破坏均受到有效应力的制约，只是在不同的受载阶段某种有效应力占主导作用。煤体的应变量是有效应力 σ_e 的函数，含瓦斯煤的应力-应变的本构关系可表述为：

$$\varepsilon = f(\sigma_e^p, \sigma_e^s, \sigma_e^t) \qquad (4-31)$$

为工程应用方便，可定义含瓦斯煤的等效有效应力 $\sigma_e = \sigma - \varphi p$，在不同受载阶段含瓦斯煤的变形可利用等效孔隙率 φ 将三种有效应力统一起来，在弹性变形阶段有 $\varphi \to \varphi_p$，在黏性变形阶段有 $\varphi_p \leqslant \varphi \leqslant \varphi_t$，在塑性变形阶段有 $\varphi_t \leqslant \varphi \leqslant \varphi_s$，在残余应力变形阶段有 $\varphi \geqslant \varphi_{max}$。用公式表达为：

$$\sigma_e = \sigma - \varphi p \qquad (4-32)$$

其中：

$$\varphi = \begin{cases} \varphi_p, \text{弹性变形阶段} \\ \varphi_s, \text{黏性变形阶段} \\ \varphi_t, \text{塑性变形阶段} \\ \varphi_{max}, \text{残余应力变形阶段} \end{cases}$$

将孔隙率的计算式(4-17)代入式(4-32)可得有效应力的表达式为：

$$\sigma_e = \sigma - \left\{ 1 - \dfrac{1-\varphi_0}{\exp(\beta\Delta T - K\Delta\sigma_e)} \left[\dfrac{1 - K_Y(p - p_0) + \beta(T - T_0) + 2a_2\rho_v RTK_Y(\ln(1+bp) - \ln(1+bp_0))}{9V_m(1-\varphi_0)} \right] \right\} p$$

$$(4-33)$$

4.7　渗透率演化方程

渗透率是表征煤体介质对瓦斯渗流阻力的参数。以往的研究将煤层瓦斯流动模型中的煤体渗透率视为常数，没有考虑煤体有效应力、孔隙率、煤体骨架的变化对渗透率的影响。然而随着埋藏深度的增大，地球物理场参数（应力、孔隙压力和温度）发生改变，这三种因素对渗透率均有影响，应力的增高导致煤体骨架变形，引起煤体孔隙率的改变，而孔隙率又是决定煤体渗透率的主要影响因素,所以在研究煤层瓦斯渗流规律时,必须考虑渗透率随孔隙率及有效应力的变化情况。

众多学者所提出的渗透率模型中,大多以科泽尼-卡尔曼(Kozeny-Carman)方程作为桥梁,在建立孔隙率动态演化方程的基础上,利用其推导出煤体渗透率与体积应变的关系,建立渗透率动态演化模型。而本书则以实验为基础,以理论推导的渗透率方程和有效应力方程为依据,在考虑煤体吸附膨胀变形量、温度效应变形量和孔隙气体压缩变形量的情况下,建立渗透率的动态演化方程,为下一章建立煤层瓦斯动态耦合方程提供理论依据。

将渗透率与有效应力的关系式(3-17)和式(3-18)、孔隙率的演化方程(4-17)以及有效应力方程(4-33)联立,可得渗透率与有效应力之间的动态演化方程。

$$k = k_0 \exp\left\{-\beta_5\left[\sigma - \left(1 - \frac{1-\varphi_0}{1+\varepsilon_V}\left(\frac{1 - K_Y(p-p_0) + \beta(T-T_0) + 2a_2\rho_v RTK_Y(\ln(1+bp) - \ln(1+bp_0))}{9V_m(1-\varphi_0)}\right)\right)p\right]\right\}$$

$$(4-34)$$

该方程是在考虑煤体吸附膨胀变形量、温度效应变形量和孔隙气压压缩变形量的情况下,以有效应力为桥梁,得到的应力与渗透率之间的关系方程。

5 动压巷道煤体流-固耦合模型及瓦斯渗流规律

本章以受载含瓦斯煤全应力-应变和渗透率-应变特征为依据,分析了巷道周围煤体的应力-应变过程及不同区域煤体的渗透率变化规律,把受载含瓦斯煤简化为黏弹塑性软化介质,在考虑含瓦斯煤受载蠕变、软化和膨胀效应的情况下,分析了巷道周围煤体黏弹性区、塑性软化区和破碎区的力学性态,以此为基础将巷道周围煤体沿径向依次划分为渗流开放区、渗流定向区、渗流衰减区、原始渗流区。在考虑煤体吸附特征、流变特性和渗透率动态演化的基础上,建立了巷道周围煤体瓦斯运移流-固耦合模型,这对研究巷道周围煤体不同区域瓦斯流动及赋存规律具有重要意义。并利用数值模拟软件对其进行了数值模拟分析。

5.1 受载含瓦斯煤全应力-应变过程

在三轴应力条件下进行的受载含瓦斯煤渗流实验过程中,首先将围压设定至预定值,然后逐级施加轴向载荷,直至煤样破坏。

如图 5-1 所示,受载含瓦斯煤变形特征可以分为如下几个阶段:

(1) 初始压密阶段(OA 段):煤样内部孔隙裂隙非常发育,在较低应力条件下孔隙裂隙逐渐被压实。该阶段应力值不大及煤样内部孔隙裂隙较小,导致压缩应变量较小。孔隙裂隙压密闭合,使得渗流通道变小变窄,导致煤样渗透率下降。

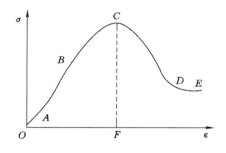

图 5-1 全应力-应变过程示意图[246]

(2) 线弹性变形阶段(AB 段):煤样内的孔隙裂隙被压实以后,随着应力的继续增加,应力与应变呈线性增长关系,在轴压、围压及孔隙压力的共同作用下,煤样内部原有裂隙扩展并萌生新裂隙。

(3) 非弹性变形阶段和峰值阶段(BC 段):B 点强度为煤样应力屈服强度,随着轴压的增加,含瓦斯煤内的孔隙裂隙进一步连通和扩展,煤样出现宏观裂缝,应力与应变之间呈现明显的非线性增长趋势。

(4) 软化阶段(CD 段):C 点强度为煤样应力极限强度,在峰值强度附近,煤样的总体变形由收缩转变为扩张,破裂煤样沿破裂面发生错动,孔隙裂隙连通程度和扩展程度不断增加,宏观裂缝的出现使得煤样变形增加,而应力不断下降。

(5)残余强度阶段(DE 段):在煤样受载破碎后,应力极速下降到一个稳定的水平。该阶段又被称为流变阶段。

5.2　巷道周围煤体应力-应变特征

原始地层中的原有应力平衡状态因煤矿井下采掘活动而被打破,应力重新分布。在巷道掘进初期较短的时间内,巷帮边缘附近出现应力集中现象,而应力集中值一旦达到煤体的屈服强度,该部分煤体即发生破坏变形,使得周围煤体进入残余强度阶段,导致应力集中现象向深部煤体转移,随着时间的推移,垂直煤壁向里依次形成卸压区、应力集中区(煤体塑性变形区和弹性变形区)和原始应力区。如图 5-2 巷帮煤体应力分布状态所示,每个区域煤体所受应力状态和变形性质均有差异,并随着时间的延长而发生变化。

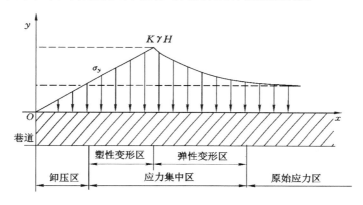

图 5-2　巷帮煤体应力分布状态[167]

卸压区:由于采掘活动破坏了原始地层中的应力平衡状态,在应力集中作用下,巷帮附近煤体首先经历屈服过程,进入残余应力状态,该区域煤体所表现出的力学性质与受载煤体全应力-应变曲线的第五阶段相对应。巷帮边缘煤体由于经历过应力集中作用,已被破坏,煤体内出现新生裂隙,该区域仅能承受低于原始应力的载荷,故称之为卸压区。由于巷道边缘煤体所能承载的应力降低,故应力集中作用向深部煤体转移。

应力集中区:由塑性变形区和弹性变形区两个部分组成。在塑性变形区,煤体所受应力逐渐增高至应力集中峰值,随着应力的增加,煤体内部裂隙进一步扩展,应力与应变之间呈现明显的非线性增长趋势。该塑性变形区煤体所表现出的力学性质与受载煤体全应力-应变曲线的第三、第四阶段相对应。从应力集中峰值处再向深部煤体延伸,随着远离煤壁应力集中程度逐渐减弱,该区域煤体所受应力值未达到屈服极限强度,煤体的体积随着应力的增加而呈现线性减小趋势,煤体处于弹性变形阶段。该区域煤体所表现出的力学性质与受载煤体全应力-应变曲线的第二阶段相对应。

原始应力区:该区域煤体距巷道较远,采掘活动的影响未能波及该区域,煤体仍然处于原始应力状态。

卸压区和塑性变形区中的煤体经历过峰值应力的作用，形成极限应力区。在该区域内，煤体处于极限应力状态，它所能承受的应力值一般低于应力集中值，在巷道边缘卸压区域内煤体所能承受的应力值更低，煤体内部大量裂隙贯通，渗透能力提高，煤层瓦斯涌出量增大。其中，极限应力区内煤体所处的应力状态、卸压区宽度及承载能力、煤层瓦斯压力，对煤与瓦斯突出事故的发生有很大影响。

5.3　巷道周围煤体初始应力状态及非线性黏弹塑性模型

5.3.1　巷道周围煤体初始应力

大量研究表明，当埋深 H 大于或者等于 20 倍巷道半径 R_0（或者宽度、高度）时，忽略巷道周围影响范围内的煤岩体自重，与原问题的误差不超过 10%[247]。现取巷道任意一截面进行研究，如图 5-3 所示。为了便于讨论，现做如下假设：① 视煤体为均质、各向同性介质；② 煤体截面的正应力、剪应力随距巷道距离的增加而升高，一直至峰值应力。在峰值应力处，正应力的值为应力集中区的最高应力，故有：

$$\sigma_y = K\gamma H \tag{5-1}$$

式中　K——应力集中系数；

　　　　γ——上覆岩层的平均重度，kN/m^3；

　　　　H——埋藏深度，m。

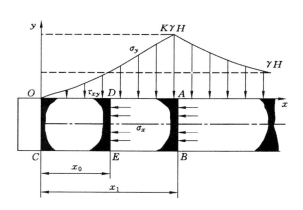

图 5-3　巷道两帮煤体应力计算模型

如图 5-3 所示，在 $x = x_1$ 的截面上，水平应力可以通过垂直应力求取：

$$\sigma_x = \mu\sigma_y = \mu K\gamma H \tag{5-2}$$

式中　μ——侧压系数。

巷道周围煤体受力如图 5-4 所示，受载含瓦斯煤中孔隙裂隙均被吸附瓦斯和游离瓦斯填充，与煤体形成统一结构，在总应力 σ_0 作用下，煤体截面上主要有以下几个应力：① 作用于煤体截面上的初始应力 σ_x；② 温度与煤体吸附所产生的膨胀应力 σ_t 和 σ_p；③ 煤体孔隙

表面的孔隙压力 p。根据受力平衡分析可得：

$$\sigma_0 S = \sigma_x (1-\varphi) S + \sigma_p (1-\varphi) S + \sigma_t (1-\varphi) S + p\varphi S \tag{5-3}$$

$$\sigma_0 = \sigma_x (1-\varphi) + \sigma_p (1-\varphi) + \sigma_t (1-\varphi) + p\varphi \tag{5-4}$$

根据上一章中有效应力的概念，将 σ_x 折算到整个横截面上，可得：

$$\sigma_0 = \sigma_e + \frac{2a_2\rho_v RT(1-2\upsilon)}{3V} [\ln(1+bp) - \ln(1+bp_0)] (1-\varphi) + \frac{\beta\Delta T}{3E}(1-\varphi) + p\varphi \tag{5-5}$$

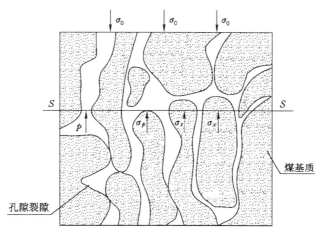

图 5-4　含瓦斯煤的受力分析

5.3.2　巷道变形分析

巷道掘进后，其周围煤体应力重新分布，从而引起巷道煤壁的煤体变形。如按照弹性理论分析，巷道掘进结束后其周围煤体的全部变形也已结束，当煤体内部应力没有超过煤体极限受载强度时，可认为巷道永远稳定，巷道变形也不会再次发生，然而随着时间的推移，应力集中向深部煤体转移，巷道周围煤体变形随应力的变化不断发展，即巷道周围煤体变形与时间有关，煤体变形力学参数是时间和空间的函数。因此，煤体材料的力学性质不仅表现为弹塑性，还具有流变性。即煤体的应力-应变关系与时间有关，受时间的影响。巷道变形等于巷道掘进后瞬时产生的弹塑性变形 ε_0 和随时间发展而产生的流变变形 $\varepsilon(t)$ 之和：

$$\varepsilon = \varepsilon_0 + \varepsilon(t) \tag{5-6}$$

当巷道周围煤体的抗压强度大于切向应力时，周围煤体处于弹性阶段，其变形为弹性变形；当巷道周围煤体的抗压强度小于切向应力时，周围煤体发生破坏，处于弹塑性阶段，其变形为弹塑性变形。

5.3.3　受载含瓦斯煤黏弹塑性流变模型

近年来，岩石力学中的非线性流变模型理论有所发展。如：邓荣贵等[248]依据岩石受载加速蠕变阶段的力学特性,建立了岩石综合流变模型;韦立德等[249]分析了流变过程中岩石内聚力的作用,提出了一维黏弹塑性本构模型;在西原正夫模型的基础上,曹树刚等[250]对其进行了改进,得到了改进后的西原正夫模型;陈沅江等[251]提出了复合流变力学模型;王来贵等[252]建立了参数非线性蠕变模型;张向东等[183]提出了泥岩的非线性蠕变方程;徐卫亚等[253]提出了河海模型;杨彩红等[254]利用非牛顿体建立了岩石的非线性蠕变模型。这些模型极大地丰富和充实了岩石流变理论。笔者在前人研究的基础上,利用前述流变模型,确定适合受载含瓦斯煤的流变模型。

煤体受载后会产生瞬时的弹性变形,变形随时间的延长而增加,变形率随时间的增加而减小,最后趋于一稳定值。可以看出,含瓦斯煤体表现为典型的弹性特性,随载荷的增加,煤体进入塑性和破坏变形阶段,可知流变模型中应包含黏弹性元件和塑性元件;塑性变形和黏弹性变形是受载含瓦斯煤的主要变形方式,其中,塑性变形决定了它的变形特性。由以上分析可知,可用黏弹塑性流变模型来表征受载含瓦斯煤的全应力-应变关系。

建立流变模型的方法主要有如下两种:一是将煤岩体的流变特征用基本元件表示,以此建立煤体受载变形的非线性模型;二是利用新型理论建立煤体变形模型。这两种方法均能较好地表征煤岩体的加速流变过程。本书利用第一种方法建立受载含瓦斯煤黏弹塑性流变模型。

鲍埃丁-汤姆逊(Poyting-Thomson)模型是稳定蠕变模型,具有弹性后效,用其作为表征受载含瓦斯煤稳态蠕变阶段的模型较为合适。因此,本书用其表征受载含瓦斯煤的等速变形。如前所述,受载煤体所受应力达到屈服极限时便产生塑性变形,所以本书利用塑性元件来表征受载含瓦斯煤的塑性变形和加速变形。

当 $\sigma < \sigma_s$ 时,图 5-5 所示黏弹塑性流变模型的状态方程为:

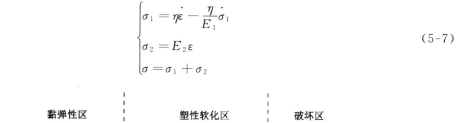

$$\begin{cases} \sigma_1 = \eta\dot{\varepsilon} - \dfrac{\eta}{E_1}\dot{\sigma}_1 \\ \sigma_2 = E_2\varepsilon \\ \sigma = \sigma_1 + \sigma_2 \end{cases} \tag{5-7}$$

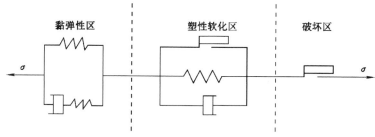

图 5-5　黏弹塑性流变模型[255]

将状态方程改进可以得到黏弹塑性模型的本构方程:

$$\sigma = \eta\dot{\varepsilon} - \frac{\eta}{E_1}\dot{\sigma} + E_2\varepsilon \tag{5-8}$$

在恒定应力 σ_1 的作用下，$\dot{\sigma}_1 = 0$，此时式(5-8)变为：

$$\sigma = \eta \dot{\varepsilon} + E_2 \varepsilon \quad (\sigma < \sigma_s) \tag{5-9}$$

5.3.4 巷道周围煤体力学模型

把受载含瓦斯煤简化为黏弹塑性软化介质，将其受载变形过程分为黏弹性阶段、塑性软化阶段和残余流变阶段，分别用鲍埃丁-汤姆逊模型、线性软化-膨胀模型和具有残余强度的莫尔-库仑模型表征。在考虑含瓦斯煤受载蠕变、软化和膨胀效应的情况下，分析圆形巷道掘进后巷道周围煤体的渐进破坏情况。

当应力超过巷道周围煤体的抗压强度时，煤体将产生剪胀扩容和应变软化现象，即随变形的发展，煤体强度逐渐衰减，直到一个稳定的残余强度，煤体在软化变形期间将产生体积膨胀变形和扩容现象；当应力未超过巷道周围煤体的抗压强度时，随着应力的增加，应力与应变呈现线性增长关系，该时期煤体不发生扩容现象。根据上述分析，巷道周围煤体首先发生黏弹性变形，随后进入塑性变形，最后处于残余破坏状态，依次将巷道周围煤体划分为三个区域，巷道周围煤体力学模型如图5-6所示。为求解巷道煤体的残余区、塑性区和弹性区的应力应变及范围，做如下基本假设：① 巷道围岩为各向同性，煤体为理想的均匀介质；② 为方便计算求解，取巷道断面形状为圆形，问题可简化为平面应变问题，因此可取巷道任意一截面为研究对象；③ 将巷道上覆岩层应力简化为水平方向和垂直方向的两个力，仅考虑侧压系数为1的情况，即模型为结构对称、载荷对称的平面应变模型；④ 忽略巷道影响范围内岩体自重，仅考虑巷道周围所受的初始应力；⑤ 煤体破坏变形准则服从莫尔-库仑强度准则；⑥ 巷道周围所形成的三个区域，弹性区煤体不发生扩容现象，塑性区和残余强度区均存在扩容现象。

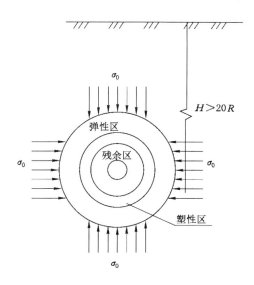

图 5-6　巷道周围煤体力学模型[256]

5.3.5 巷道周围煤体渐进破坏软化模型

国内外大量研究表明：当含瓦斯煤体受载超过极限强度 σ_c 后，煤体进入塑性软化阶段，含瓦斯煤体强度随着应变值增大逐渐衰减，直至残余强度 σ_{cs}。可将巷道周围煤体简化为黏弹-塑性软化-膨胀介质，其变形过程可以划分为黏弹、塑性软化和残余流动三个阶段，巷道周围煤体受力状态可以用图 5-7 表示。在黏弹性区含瓦斯煤体没有破坏，其强度为含瓦斯煤体极限强度；在塑性区，含瓦斯煤体极限强度是应变的函数，应变越大，极限强度就越低；在破坏区，煤体残余强度保持一恒定值[257]。

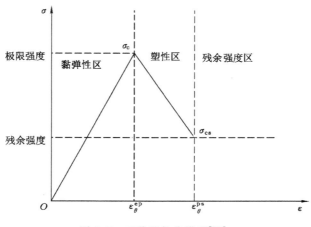

图 5-7　三阶段软化模型[256]

根据上述分析，在研究巷道周围煤体软化变形时，可用软化模量来表征煤体内聚力的变化，公式如下：

$$M_0 = \frac{\sigma_c - \sigma_{cs}}{\varepsilon_\theta^{ps} - \varepsilon_\theta^{ep}} \tag{5-10}$$

式中　σ_c——煤体极限强度；

　　　σ_{cs}——煤体残余强度；

　　　ε_θ^{ps}——煤体由塑性软化阶段进入残余强度阶段的切向应变临界值；

　　　ε_θ^{ep}——煤体由弹性阶段进入塑性软化阶段的切向应变临界值。

5.4　巷道周围煤体黏弹塑性区应力-位移场分析

5.4.1　黏弹性区应力场分析

在黏弹性变形阶段，煤体受载变形过程可用鲍埃丁-汤姆逊模型表征，其物性方程为[166,255,258]：

$$\sigma + \eta \frac{\partial}{\partial t}\sigma = 2G_\infty \varepsilon + 2G_0 \eta \frac{\partial}{\partial t}\varepsilon \tag{5-11}$$

式中 σ——应力；

$\quad\quad \varepsilon$——应变；

$\quad\quad \eta$——松弛时间；

$\quad\quad G_0$——煤体的瞬时剪切模量；

$\quad\quad G_\infty$——煤体的长期剪切模量；

$\quad\quad t$——时间。

塑性软化区半径 $R_p(t)$ 为时间 t 的函数；但在黏弹性区，应力状态不随时间而变。在考虑轴对称的情况下，可将鲍埃丁-汤姆逊方程写成：

$$\begin{cases} \sigma_r^{ep} - \sigma_0 = 2G_\infty \varepsilon_r^{ep} + 2\eta_{ret} G_\infty \dfrac{\partial \varepsilon_r^{ep}}{\partial t} \\ \sigma_\theta^{ep} - \sigma_0 = 2G_\infty \varepsilon_\theta^{ep} + 2\eta_{ret} G_\infty \dfrac{\partial \varepsilon_\theta^{ep}}{\partial t} \end{cases} \tag{5-12}$$

式中，$\eta_{ret} = G_0 \eta / G_\infty$，表示延迟时间；其余符号含义如前所述。

在黏弹性区不考虑煤体体积变形，即体积变形为 0，则有：

$$\varepsilon_r^{ep} + \varepsilon_\theta^{ep} = \frac{du}{dr} + \frac{u}{r} = 0 \tag{5-13}$$

对式(5-13)求解可得：

$$u = \frac{W(t)}{r}$$

式中 $W(t)$——时间的函数。

根据上述方程可得：

$$\begin{cases} \varepsilon_r^{ep} = \dfrac{\partial u}{\partial r} = -\dfrac{W(t)}{r^2}, \varepsilon_\theta^{ep} = \dfrac{u}{r} = \dfrac{W(t)}{r^2} \\ \dfrac{d\varepsilon_r}{dt} = -\dfrac{dW(t)}{r^2(t)} + \dfrac{2}{r(t)} W(t) \dfrac{dr(t)}{dt} \\ \dfrac{d\varepsilon_\theta}{dt} = \dfrac{dW(t)}{r^2(t)} - \dfrac{2}{r(t)} W(t) \dfrac{dr(t)}{dt} \end{cases} \tag{5-14}$$

将式(5-14)中第一、第三式代入式(5-12)中的第一式进行积分，并考虑 $r = R_p(t)$，$\sigma_r = \sigma_0(1 - \sin\varphi) - C\cos\varphi$。同时在黏弹性区与塑性区交界处，应用煤体在塑性软化区的屈服准则进行求解。

在塑性软化区，煤体变形满足莫尔-库仑屈服准则，则有：

$$\sigma_\theta^p = \tan^2\theta \sigma_r^p + \sigma_c^p \tag{5-15}$$

$$\tan^2\theta = \frac{(1 + \sin\varphi)}{(1 - \sin\varphi)}$$

式中 σ_θ^p——塑性软化区煤体的切向应力；

$\quad\quad \sigma_r^p$——塑性软化区煤体的径向应力；

$\quad\quad \sigma_c^p$——煤体在塑性软化区的单轴抗压强度；

$\quad\quad \varphi$——煤体的内摩擦角，(°)；

θ——煤体破断角,(°)。

黏弹性区位移为:

$$u = \frac{W(t)}{E_0} \frac{R_p^2(t)}{r} \qquad (5-16)$$

式中

$$W(t) = \frac{E_0}{2} \left[\frac{(\tan^2\theta - 1)\sigma_0 + \sigma_c}{\tan^2\theta + 1} \right] \left\{ \frac{1}{G_\infty} \left[1 - \exp\left(-\frac{t}{\eta_{ret}}\right) \right] + \frac{1}{G_0} \exp\left(-\frac{t}{\eta_{ret}}\right) \right\} \qquad (5-17)$$

将式(5-17)代入式(5-16)可得黏弹性区位移:

$$u = \frac{R_p^2(t)}{2r} \left[\frac{(\tan^2\theta - 1)\sigma_0 + \sigma_c}{\tan^2\theta + 1} \right] \left\{ \frac{1}{G_\infty} \left[1 - \exp\left(-\frac{t}{\eta_{ret}}\right) \right] + \frac{1}{G_0} \exp\left(-\frac{t}{\eta_{ret}}\right) \right\} \qquad (5-18)$$

将式(5-18)代入式(5-13)可得黏弹性区应力:

$$\begin{cases} \sigma_r^{ep} = \sigma_0 - \dfrac{\sigma_0(\tan^2\theta - 1) + \sigma_c}{\tan^2\theta + 1} \dfrac{R_p^2(t)}{r^2} \\ \sigma_\theta^{ep} = \sigma_0 + \dfrac{\sigma_0(\tan^2\theta - 1) + \sigma_c}{\tan^2\theta + 1} \dfrac{R_p^2(t)}{r^2} \end{cases} \qquad (5-19)$$

由于将巷道视为无限长的空间平面问题,故可将其简化为轴对称的平面应变问题进行考虑,可得到:

$$\varepsilon_\theta = \varepsilon_1, \varepsilon_r = \varepsilon_3; \sigma_\theta = \sigma_1, \sigma_r = \sigma_3$$

由力学理论可得位移与应变之间的关系:

$$\begin{cases} \varepsilon_\theta = \dfrac{u}{r} \\ \varepsilon_r = \dfrac{\mathrm{d}u}{\mathrm{d}r} \end{cases} \qquad (5-20)$$

平衡方程为:

$$r \frac{\partial \sigma_r}{\partial r} + \sigma_r - \sigma_\theta = 0 \qquad (5-21)$$

将黏弹性区位移公式(5-18)代入式(5-20)可得:

$$\begin{cases} \varepsilon_r^{ep} = -\dfrac{R_p^2(t)}{2r^2} \left[\dfrac{(\tan^2\theta - 1)\sigma_0 + \sigma_c}{\tan^2\theta + 1} \right] \left\{ \dfrac{1}{G_\infty} \left[1 - \exp\left(-\dfrac{t}{\eta_{ret}}\right) \right] + \dfrac{1}{G_0} \exp\left(-\dfrac{t}{\eta_{ret}}\right) \right\} \\ \varepsilon_\theta^{ep} = \dfrac{R_p^2(t)}{2r^2} \left[\dfrac{(\tan^2\theta - 1)\sigma_0 + \sigma_c}{\tan^2\theta + 1} \right] \left\{ \dfrac{1}{G_\infty} \left[1 - \exp\left(-\dfrac{t}{\eta_{ret}}\right) \right] + \dfrac{1}{G_0} \exp\left(-\dfrac{t}{\eta_{ret}}\right) \right\} \end{cases}$$

$$(5-22)$$

在黏弹性区和塑性软化区交界处有:

$$(\varepsilon_\theta^e)_{r=R_p(t)} = -(\varepsilon_r^e)_{r=R_p(t)} = W(t) \qquad (5-23)$$

式中 $R_p(t)$——塑性软化区半径。

5.4.2 塑性软化区应力场分析

巷道周围煤体的塑性软化区和破碎区均存在煤体膨胀扩容现象,在塑性软化区有[166,255,258]：

$$\Delta\varepsilon_r^p + \alpha_1\Delta\varepsilon_\theta^p = 0 \tag{5-24}$$

式中　ε_r^p 和 ε_θ^p——塑性软化区煤体主应变分量；

　　α_1——塑性软化区体积扩容系数，$\alpha_1 = 1$ 时煤体不可压缩，$\alpha_1 > 1$ 时煤体扩容。

根据上述煤体在塑性软化区的扩容特性，并考虑煤体的刚度随塑性应变的增加而减小的特性，则式(5-24)可简化为：

$$\varepsilon_r + \alpha_1\varepsilon_\theta = (\alpha_1 - 1)\frac{W(t)}{E_0} \tag{5-25}$$

将式(5-25)代入式(5-20)可得：

$$\frac{\mathrm{d}u^p}{\mathrm{d}r} + \alpha_1\frac{u^p}{r} + W(t)(\alpha_1 - 1) = 0 \tag{5-26}$$

对式(5-26)积分，并应用 $r = R_p(t)$ 处的位移连续条件，可得塑性区位移表达式：

$$u^p = \frac{2W(t)}{(\alpha_1 + 1)E_0}\left(\frac{R_p(t)}{r}\right)^{\alpha_1+1} + \frac{\alpha_1 - 1}{\alpha_1 + 1}\frac{W(t)}{E_0}r \tag{5-27}$$

联立式(5-10)、式(5-15)、式(5-20)、式(5-27)可得塑性软化区切向应力：

$$\sigma_\theta^p = \tan^2\theta\sigma_r^p + \sigma_c - \frac{2M_0W(t)}{1+\alpha_1}\left[\left(\frac{R_p(t)}{r}\right)^{1+\alpha_1} - 1\right] \tag{5-28}$$

将式(5-28)与平衡方程联立，利用边界条件 $(\sigma_r^{ep})_{r=R_p(t)} = (\sigma_r^p)_{r=R_p(t)}$ 可得：

$$\sigma_r^p = \left[\frac{2\sigma_0}{\tan^2\theta + 1} + \frac{2\sigma_c}{\tan^4\theta - 1} + \frac{2M_0W(t)}{(\tan^2\theta - 1)(\tan^2\theta + \alpha_1)}\right] \times \left[\frac{r}{R_p(t)}\right]^{\tan^2\theta-1} + $$
$$\left[\frac{2M_0W(t)}{(1+\alpha_1)(\tan^2\theta + \alpha_1)}\left(\frac{R_p(t)}{r}\right)^{1+\alpha_1} - \frac{2M_0W(t)}{(1+\alpha_1)(\tan^2\theta - 1)}\right] - \frac{\sigma_c}{\tan^2\theta - 1} \tag{5-29}$$

将式(5-27)与式(5-20)联立可得塑性软化区应变：

$$\begin{cases} \varepsilon_r^p = -\dfrac{2W(t)\alpha_1}{\alpha_1 + 1}\left(\dfrac{R_p(t)}{r}\right)^{\alpha_1+1} + \dfrac{\alpha_1 - 1}{\alpha_1 + 1}W(t) \\[3mm] \varepsilon_\theta^p = \dfrac{2W(t)}{\alpha_1 + 1}\left(\dfrac{R_p(t)}{r}\right)^{\alpha_1+1} + \dfrac{\alpha_1 - 1}{\alpha_1 + 1}W(t) \end{cases} \tag{5-30}$$

5.4.3　残余强度区应力场分析

在残余强度区，煤体变形满足莫尔-库仑屈服准则，则有[166,255,258]：

$$\sigma_\theta^{ps} = \tan^2\theta\sigma_r^{ps} + \sigma_{cs} \tag{5-31}$$

式中　σ_θ^{ps}——残余强度区煤体的切向应力；

　　σ_r^{ps}——残余强度区煤体的径向应力；

　　σ_{cs}——煤体残余强度。

将式(5-21)与式(5-31)联立可得：

$$r\frac{\mathrm{d}\sigma_r^{ps}}{\mathrm{d}r} + \sigma_r^{ps} - \tan^2\theta\sigma_r^{ps} + \sigma_{cs} = 0 \tag{5-32}$$

根据 $r=r_0$ 时巷道支护阻力 $(\sigma_r^{ps})_{r=r_0}=p_i$，对式(5-32)积分可得残余强度区的应力表达式为：

$$\begin{cases} \sigma_r^{ps} = \dfrac{\sigma_{cs}}{\tan^2\theta-1}\left[\left(\dfrac{r}{r_0}\right)^{\tan^2\theta-1}-1\right]+p_i\left(\dfrac{r}{r_0}\right)^{\tan^2\theta-1} \\[4mm] \sigma_\theta^{ps} = \dfrac{\tan^2\theta\sigma_{cs}}{\tan^2\theta-1}\left[\left(\dfrac{r}{r_0}\right)^{\tan^2\theta-1}-1\right]+p_i\tan^2\theta\left(\dfrac{r}{r_0}\right)^{\tan^2\theta-1}+\sigma_{cs} \end{cases} \quad (5\text{-}33)$$

巷道周围煤体的塑性软化区和破碎区均存在煤体膨胀扩容现象，在塑性软化区有：

$$\Delta\varepsilon_r^{ps}+\alpha_2\Delta\varepsilon_\theta^{ps}=0 \quad (5\text{-}34)$$

式中 ε_r^{ps} 和 ε_θ^{ps}——残余强度区煤体主应变分量；

α_2——残余强度区体积扩容系数，$\alpha_2=1$ 时煤体不可压缩，$\alpha_2>1$ 时煤体扩容。

在塑性软化区与残余强度区交界处，钻孔周围的径向应变相等，即 $(\varepsilon_r)_{r=R_p(t)}=(\varepsilon_r)_{r=R_{ps}(t)}$，将其代入式(5-30)，并结合式(5-20)对式(5-34)简化可得：

$$\frac{\mathrm{d}u^{ps}}{\mathrm{d}r}+\alpha_2\frac{u^{ps}}{r}+\frac{2(\alpha_1-\alpha_2)}{\alpha_1+1}W(t)-(\alpha_1-1)W(t)=0 \quad (5\text{-}35)$$

对式(5-35)积分可得：

$$u^{ps}=2W(t)r\left\{\frac{(\alpha_2+1)+(\alpha_1+1)\left[\left(\dfrac{R_{ps}(t)}{r}\right)^{1+\alpha_2}-1\right]}{(\alpha_1+1)(\alpha_2+1)}\right\}\left[\frac{R_p(t)}{R_{ps}(t)}\right]^{\alpha_1+1}+$$
$$\frac{2W(t)r(\alpha_1-1)}{2(\alpha_1+1)} \quad (5\text{-}36)$$

5.4.4 巷道周围煤体极限平衡区范围

塑性软化区和卸压区的煤体由于经历过极限应力的作用，形成了应力极限平衡区。该区域的煤体处于应力极限状态，而处于应力极限状态的煤体一般所承受应力低于集中应力，多数情况下，越是靠近巷道周围的卸压区，煤体甚至连原始应力状态都达不到。在卸压区和塑性软化区的交界处，$r=R_{ps}(t)$，$\sigma_c^p=\sigma_{cs}$。由塑性软化区的软化模量 M_0 和式(5-30)联立可得：

$$\sigma_{cs}=\sigma_c-\frac{2W(t)M_0}{1+\alpha_1}\left[\left(\frac{R_p(t)}{R_{ps}(t)}\right)^{1+\alpha_1}-1\right] \quad (5\text{-}37)$$

对式(5-37)进行变换可得：

$$R_p(t)=R_{ps}(t)\left[1+\frac{(1+\alpha_1)(\sigma_c-\sigma_{cs})}{2W(t)M_0}\right]^{\frac{1}{1+\alpha_1}} \quad (5\text{-}38)$$

在残余强度区和塑性软化区交界处，巷道周围煤体的径向应力相等，即 $(\sigma_r^{ps})_{r=R_{ps}(t)}=(\sigma_r^p)_{r=R_p(t)}$，联立式(5-29)和式(5-33)可得：

$$\left[\frac{2\sigma_0}{\tan^2\theta+1}+\frac{2\sigma_c}{\tan^4\theta-1}+\frac{2M_0W(t)}{(\tan^2\theta-1)(\tan^2\theta+\alpha_1)}\right]\times\left[\frac{R_{ps}(t)}{R_p(t)}\right]^{\tan^2\theta-1}+$$
$$\left[\frac{2M_0W(t)}{(1+\alpha_1)(\tan^2\theta+\alpha_1)}\left(\frac{R_p(t)}{R_{ps}(t)}\right)^{1+\alpha_1}-\frac{2M_0W(t)}{(1+\alpha_1)(\tan^2\theta-1)}\right]-$$

$$\frac{\sigma_c}{\tan^2\theta - 1} = \frac{\sigma_{cs}}{\tan^2\theta - 1}\left[(\frac{r}{r_0})^{\tan^2\theta - 1} - 1\right] + p_i(\frac{r}{r_0})^{\tan^2\theta - 1} \qquad (5\text{-}39)$$

将式(5-38)代入式(5-39)可得：

$$R_{ps}(t) = $$

$$r_0\left\{\frac{\tan^2\theta - 1}{\sigma_{cs} + p_i(\tan^2\theta - 1)} \times \left[\begin{array}{l}\left(\dfrac{2\sigma_0}{\tan^2\theta + 1} + \dfrac{2\sigma_c}{\tan^4\theta - 1} + \dfrac{2M_0 W(t)}{(\tan^2\theta - 1)(\tan^2\theta + \alpha_1)}\right) \times \\[2mm] \left(1 + \dfrac{(1+\alpha_1)(\sigma_c - \sigma_{cs})}{2W(t)M_0}\right)^{\frac{1 - \tan^2\theta}{1 + \alpha_1}} + \\[2mm] \left(\dfrac{2M_0 W(t)}{(1+\alpha_1)(\tan^2\theta + \alpha_1)} \times \left(1 + \dfrac{(1+\alpha_1)(\sigma_c - \sigma_{cs})}{2W(t)M_0}\right) - \\[2mm] \dfrac{2M_0 W(t)}{(1+\alpha_1)(\tan^2\theta - 1)} - \dfrac{\sigma_c - \sigma_{cs}}{\tan^2\theta - 1}\right)\end{array}\right]^{\frac{1}{\tan^2\theta - 1}}\right\}$$

$$(5\text{-}40)$$

将式(5-40)代入式(5-38)可得极限平衡区范围：

$$R_p(t) = $$

$$r_0\left\{\frac{\tan^2\theta - 1}{\sigma_{cs} + p_i(\tan^2\theta - 1)} \times \left[\begin{array}{l}\left(\dfrac{2\sigma_0}{\tan^2\theta + 1} + \dfrac{2\sigma_c}{\tan^4\theta - 1} + \dfrac{2M_0 W(t)}{(\tan^2\theta - 1)(\tan^2\theta + \alpha_1)}\right) \times \\[2mm] \left(1 + \dfrac{(1+\alpha_1)(\sigma_c - \sigma_{cs})}{2W(t)M_0}\right)^{\frac{1 - \tan^2\theta}{1 + \alpha_1}} + \\[2mm] \left(\dfrac{2M_0 W(t)}{(1+\alpha_1)(\tan^2\theta + \alpha_1)} \times \left(1 + \dfrac{(1+\alpha_1)(\sigma_c - \sigma_{cs})}{2W(t)M_0}\right) - \\[2mm] \dfrac{2M_0 W(t)}{(1+\alpha_1)(\tan^2\theta - 1)} - \dfrac{\sigma_c - \sigma_{cs}}{\tan^2\theta - 1}\right)\end{array}\right]^{\frac{1}{\tan^2\theta - 1}}\right\} \times$$

$$\left[1 + \frac{(1+\alpha_1)(\sigma_c - \sigma_{cs})}{2W(t)M_0}\right]^{\frac{1}{1+\alpha_1}} \qquad (5\text{-}41)$$

5.5　巷道周围煤体应力分布规律数值模拟

　　Comsol-Multiphysics 耦合软件基于一般偏微分方程,通过任意的多物理场耦合方式,解决各学科和工程中的耦合问题。该软件主要针对不同的问题进行静态、动态、线性、非线性、特征值和模态的分析,通过多场物理耦合功能,可以任意选择不同的模块或者利用推导的方程进行数值模拟。

5.5.1　Comsol-Multiphysics 的功能模块

　　该软件集成了大量的模型,主要有以下几个模块：① 结构力学模块（structural mechanics module）；② RF 模块（RF module）；③ DC/AC 模块（DC/AC module）；④ 热传导模块（heat transfer module）；⑤ 地球科学模块（earth science module）；⑥ 化学工程模块

(chemical engineering module);⑦ 声学模块(acoustics module);⑧ 微电机模块(MEMS module)。

5.5.2 计算分析

(1) 巷道周围煤体受力分析

本模拟以某矿二₁煤层为例。该煤层埋藏深度为 750 m,煤体坚固性系数为 0.4,单轴抗压强度为 4.26 MPa,残余强度为 0.89 MPa,内摩擦角为 30°。巷道半径为 3.0 m,巷道周围煤体的应力分布如图 5-8 和图 5-9 所示。

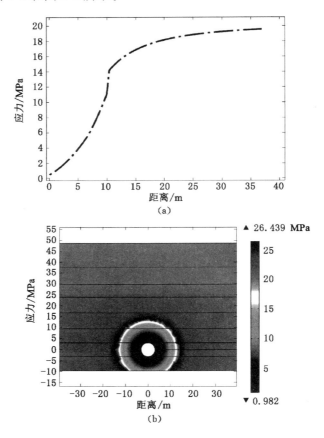

(a) 径向应力曲线图;(b) 径向应力云图。

图 5-8 巷道周围煤体的径向应力分布

由图 5-8 和图 5-9 可知,巷道周围煤体的径向应力和切向应力在巷帮附近均为 0 MPa。随着向深部煤体延伸,径向应力逐渐增大,切向应力在弹塑性区域交界处达到最大值,而后随着向深部煤体的继续延伸逐渐降低至原岩应力状态。切向应力峰值处距巷帮距离为 11.22 m,说明巷道卸压范围为 11.22 m。

本数值模拟分析了不同时间段巷道周围煤体的受力情况,如图 5-10 所示。从图 5-10 可以看出,随着时间的推移,应力集中处煤体达到极限破坏强度后受载破坏,应力集中向深

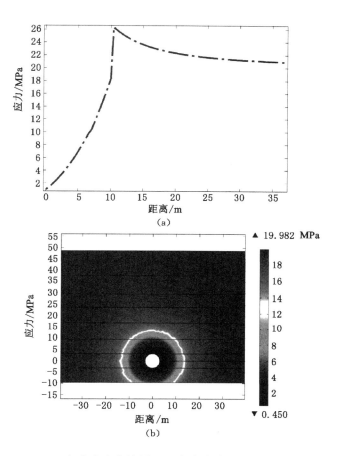

（a）切向应力曲线图；（b）切向应力云图。

图 5-9　巷道周围煤体的切向应力分布

部煤体转移。巷道刚开掘后，应力向深部煤体转移速度较快，3～4 个月后应力集中基本保持稳定。

（2）巷道周围煤体卸压范围的影响因素分析

根据上述分析，巷道周围煤体卸压范围的影响因素主要有埋藏深度（地应力）、煤体硬度、巷道断面和支护阻力等。

① 埋藏深度对巷道周围煤体卸压范围的影响

埋藏深度对巷道周围煤体卸压范围的影响主要体现在随着埋藏深度的增加，巷道周围煤体所处的地应力和瓦斯压力（孔隙压力）增大。大量研究表明，煤层瓦斯压力随地应力增大而呈现线性增长关系；根据图 5-11 所示瓦斯压力与吸附膨胀应力关系曲线可知，瓦斯压力越大，吸附膨胀应力越高。巷道周围煤体的卸压范围与地应力、煤体强度、巷道半径、支护阻力等参数相关。本计算相关参数取值为：煤体坚固性系数为 0.4，巷道半径为 3 m，巷道采用锚网支护方式，锚固力为 0.16 MPa。利用数值模拟得出埋藏深度与卸压范围之间的关系，如图 5-12 所示；利用理论公式［式（5-41）］计算的结果如表 5-1 所示。

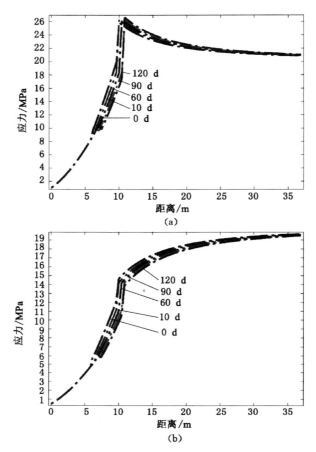

（a）切向应力曲线图；（b）径向应力曲线图。

图 5-10　巷道周围煤体受力随时间变化曲线图

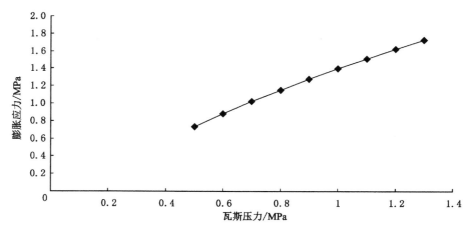

图 5-11　瓦斯压力与吸附膨胀应力关系曲线图

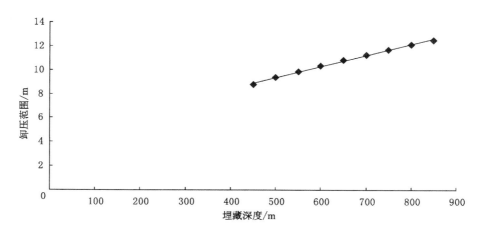

图 5-12　埋藏深度和卸压范围关系曲线图

表 5-1　不同埋藏深度巷道的卸压范围

埋藏深度/m	地应力/MPa	瓦斯压力/MPa	总应力/MPa	巷道半径/m	用理论公式计算的卸压范围/m
450	12.15	0.5	12.88	3	8.81
500	13.50	0.6	14.38	3	9.37
550	14.85	0.7	15.87	3	9.90
600	16.20	0.8	17.35	3	10.39
650	17.55	0.9	18.83	3	10.86
700	18.90	1.0	20.30	3	11.31
750	20.25	1.1	21.76	3	11.74
800	21.60	1.2	23.22	3	12.15
850	22.95	1.3	24.67	3	12.55

由表 5-1 和图 5-12 可知,随着埋藏深度增加,巷道所处的地应力和瓦斯压力逐渐增大,巷道周围煤体所承受的总应力也逐渐增加,即同一规格巷道周围煤体的卸压范围亦逐渐增大。对比分析数值模拟结果和理论计算结果可知,在埋藏深度为 750 m 时,瓦斯压力为1.1 MPa,巷道半径为 3 m,煤体坚固性系数为 0.4,数值模拟得出巷道周围煤体的卸压范围为11.22 m,理论计算结果为 11.74 m,由此可以看出所得结果基本一致。

② 煤体硬度对巷道周围煤体卸压范围的影响

由式(5-41)可知,在应力条件一定的情况下,煤体的硬度越低,巷道周围煤体的卸压范围越大。不同硬度煤层巷道的卸压范围计算结果如表 5-2 所示。

由表 5-2 和图 5-13 可以看出,在巷道半径为 3 m 的条件下,不同硬度煤层巷道的卸压范围差异很大,随着煤体硬度的增大,巷道卸压范围逐渐减小。在地应力和瓦斯压力都一定的情况下,坚固性系数为 0.3 的煤体和坚固性系数为 1.0 的煤体相比,巷道卸压范围相差5～6 m。由此可以看出,在较软的煤层中掘进巷道时,由于卸压范围大,掘进过程中的瓦斯涌出量也较高。

表 5-2　不同硬度煤层巷道的理论卸压范围

坚固性系数	单轴抗压强度/MPa	巷道半径/m	总应力/MPa	用理论公式计算的卸压范围/m
0.3	3.26	3	21.76	12.87
0.4	4.26	3	21.76	11.74
0.5	5.25	3	21.76	10.61
0.6	6.24	3	21.76	9.69
0.7	7.23	3	21.76	8.92
0.8	8.23	3	21.76	8.26
0.9	9.22	3	21.76	7.68
1.0	10.21	3	21.76	7.17

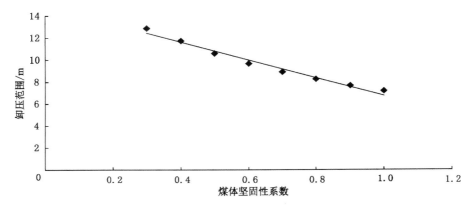

图 5-13　煤体硬度(坚固性系数)和卸压范围关系曲线图

③ 巷道断面对巷道周围煤体卸压范围的影响

在煤体坚固性系数为 0.5,初始总应力为 21.76 MPa 的情况下,计算不同断面煤层巷道的初始卸压范围。在巷道半径分别为 1.5 m、2.0 m、2.5 m、3.0 m、3.5 m 的情况下,巷道周围煤体的卸压范围计算结果如图 5-14 所示。由图 5-14 可以看出,随着巷道断面的增大,巷道周围煤体的卸压范围也逐渐增大。

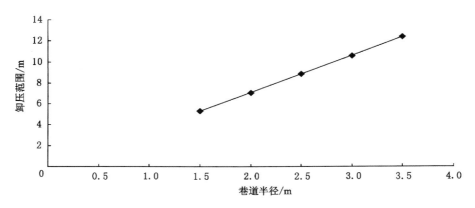

图 5-14　卸压范围和巷道半径关系曲线图

④ 支护阻力对巷道周围煤体卸压范围的影响

在巷道断面、煤体硬度和地应力一定的情况下,支护阻力越高,巷道周围煤体的卸压范围就越小。在巷道支护阻力分别为 0.05 MPa、0.1 MPa、0.2 MPa、0.3 MPa、0.4 MPa、0.5 MPa的情况下,巷道周围煤体的卸压范围计算结果如图 5-15 所示。

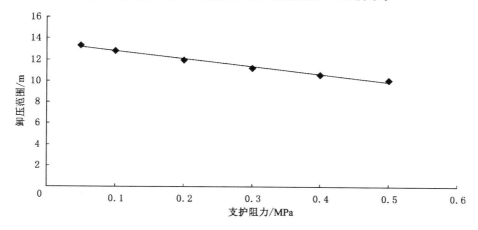

图 5-15　巷道支护阻力和卸压范围关系曲线图

煤层巷道的掘进改变了巷道周围煤体的应力状态,在应力变化过程中巷道周围煤体的渗透性发生巨大变化,而应力场和渗流场是巷道周围煤体力学环境中的两个重要组成部分,两者相互影响又相互联系。巷道掘进过程中其周围煤体所受应力是动态变化的,这使得巷道周围不同部位煤体的应力状态差异显著,导致巷道周围不同部位煤体变形特性不同,进而决定巷道周围不同部位煤体的渗透性能各有差异。在煤层瓦斯流动的基本参数(瓦斯含量、瓦斯压力、煤层渗透系数和地应力)中,地应力对煤层渗透性起决定性作用,而渗透性又对瓦斯封存与排放、瓦斯压力分布起着重要作用。

5.6　巷道周围煤体流-固耦合模型

5.6.1　巷道周围煤体渗透性变化特征

取巷道中任意截面,由于可将巷道视为无限长,即可以认为所取截面中巷道周围煤体处于平面应变状态。巷道掘进导致其周围煤体应力重新分布,沿巷道径向不同深度依次形成卸压区、应力集中区(煤体塑性变形区和弹性变形区)和原始应力区,其中,卸压区和塑性变形区为应力降低区,如图 5-2 所示。根据各个区域煤体受载情况,沿不同深度煤体的应力状态可以用受载含瓦斯煤的全应力-应变曲线的不同受载阶段表征,如图 5-16 所示。卸压区煤体处于残余强度阶段,煤体已经历过应力集中作用,煤体所受载荷使其内部裂隙充分连通和扩展,该区域煤体渗透性保持在较高的水平,形成渗流开放区。随着距巷道壁距离的增加,煤体所受应力逐渐增高,新生裂隙的连通和扩展产生剪切效应,剪切效应的存在使得煤体渗透性能降低[259-260]。煤体内层状结构面的定向性,决定了该区内煤体渗流的定向性,即形成渗流定向区[261]。在塑性变形区与弹性变形区交界处,煤体所受应力达到最大值,在载荷的约束条件下,煤体渗透性大幅度降低,即形成渗流衰减区。煤体所受应力经过增加和降低,逐渐恢复到原始应力状态,煤体渗透性能也逐渐恢复到原始状态。

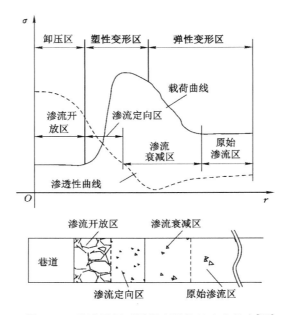

图 5-16 巷道周围不同深度煤体的应力状态[261]

5.6.2 基本假设

巷道掘进过程中其周围煤体所受应力是动态变化的,从而导致煤体渗透性随之变化。该过程中应力场与渗流场相互影响、相互耦合,渗流场中的瓦斯运移规律非常复杂。为了简化运算,突出重点,以便工程应用,在以下假设的基础上推导巷道周围煤体的瓦斯渗流方程。

(1) 煤层瓦斯气体为理想气体,瓦斯吸附满足朗缪尔方程,瓦斯解吸瞬间完成;

(2) 煤层中瓦斯渗流按照等温过程处理;

(3) 视巷道周围煤体为均质同性介质;

(4) 视煤层顶底板围岩内不含瓦斯,且不透气;

(5) 煤层内瓦斯渗流服从修正后的达西定律。

5.6.3 巷道周围煤体流动控制方程

根据质量守恒定律,瓦斯在均质煤层中的渗流方程为:

$$\frac{\partial M}{\partial t} + \nabla \cdot (\rho v) = 0 \tag{5-42}$$

式中 M——单位体积煤岩中瓦斯含量;kg/m^3;

ρ——瓦斯密度,kg/m^3;

v——渗流速度，m/s。

瓦斯在煤体中呈现两种状态，即吸附状态和游离状态。因此，煤中瓦斯含量 M 由吸附瓦斯含量 M_a 和游离瓦斯含量 M_g 两部分组成：

$$\frac{\partial M}{\partial t} = \frac{\partial M_g}{\partial t} + \frac{\partial M_a}{\partial t} \tag{5-43}$$

游离瓦斯含量 M_g 可以表示为：

$$M_g = \rho\varphi \tag{5-44}$$

假设瓦斯气体为理想气体，瓦斯密度和瓦斯压力的关系满足下式：

$$\rho = \beta p \tag{5-45}$$

式中 β——瓦斯压缩系数。

忽略煤体的吸附膨胀应力和孔隙压力对煤体孔隙率的影响，对式(5-44)求导可得：

$$\frac{\partial M_g}{\partial t} = \beta p \frac{\partial p}{\partial t} + \beta p \frac{\partial \varphi}{\partial t} = \beta \left(1 - \frac{1-\varphi_0}{1+\varepsilon_v}\right)\frac{\partial p}{\partial t} + \beta p \frac{1-\varphi_0}{(1+\varepsilon_v)^2}\frac{\partial \varepsilon_v}{\partial t} \tag{5-46}$$

在考虑水分、灰分影响的情况下，认为瓦斯吸附满足朗缪尔方程，则吸附瓦斯含量 M_a 可以用下式表示：

$$M_a = \frac{abcp\rho_n}{1+bp} \tag{5-47}$$

$$c = \rho_s \frac{1}{1+0.31M_{ad}}\frac{100-A_{ad}-M_{ad}}{100} \tag{5-48}$$

式中 c——煤的校正参数，kg/m^3；

ρ_n——标准状态下的瓦斯密度，kg/m^3；

a——吸附常数，m^3/t；

b——吸附常数，MPa^{-1}；

ρ_s——瓦斯平均密度，kg/m^3；

A_{ad}——煤中灰分含量，%；

M_{ad}——煤中水分含量，%。

对式(5-47)求导可得：

$$\frac{\partial M_a}{\partial t} = \frac{abc\rho_n}{(1+bp)^2}\frac{\partial p}{\partial t} = \frac{\beta abc p_n}{(1+bp)^2}\frac{\partial p}{\partial t} \tag{5-49}$$

式中 p_n——标准大气压，Pa。

在考虑克林肯贝格效应的情况下，渗流速度可表示为[218]：

$$v = -\frac{k}{\mu}\left(1+\frac{m}{p}\right) \cdot \nabla p \tag{5-50}$$

式中 m——克林肯贝格系数。

将式(5-50)代入式(5-42)可得：

$$\frac{\partial M}{\partial t} + \nabla \cdot \left\{\rho\left[-\frac{k}{\mu}\left(1+\frac{m}{p}\right) \cdot \nabla p\right]\right\} = 0 \tag{5-51}$$

由式(5-43)、式(5-46)和式(5-49)可得：

$$\frac{\partial M}{\partial t} = \frac{\partial M_g}{\partial t} + \frac{\partial M_a}{\partial t} = \beta\left(1 - \frac{1-\varphi_0}{1+\varepsilon_v}\right)\frac{\partial p}{\partial t} + \beta p\frac{1-\varphi_0}{(1+\varepsilon_v)^2}\frac{\partial \varepsilon_v}{\partial t} + \frac{\beta abc p_n}{(1+bp)^2}\frac{\partial p}{\partial t} \tag{5-52}$$

将式(5-52)代入式(5-51)可得：

$$2\left(1-\frac{1-\varphi_0}{1+\varepsilon_v}+\frac{abcp_n}{(1+bp)^2}\right)\frac{\partial p}{\partial t}+2p\ \frac{1-\varphi_0}{(1+\varepsilon_v)^2}\frac{\partial\varepsilon_v}{\partial t}=\nabla\cdot\left[\frac{k}{\mu}\left(1+\frac{m}{p}\right)\cdot\nabla p^2\right] \quad (5\text{-}53)$$

式(5-53)即巷道周围煤体的瓦斯渗流方程。

5.6.4 巷道周围煤体流-固耦合模型

联立巷道周围煤体的瓦斯渗流方程与渗透率演化方程,可得巷道周围煤体流-固耦合模型。

$$\begin{cases}2\left(1-\dfrac{1-\varphi_0}{1+\varepsilon_v}+\dfrac{abcp_n}{(1+bp)^2}\right)\dfrac{\partial p}{\partial t}+2p\ \dfrac{1-\varphi_0}{(1+\varepsilon_v)^2}\dfrac{\partial\varepsilon_v}{\partial t}=\nabla\cdot\left[\dfrac{k}{\mu}\left(1+\dfrac{m}{p}\right)\cdot\nabla p^2\right]\\[4mm]k=k_0\exp\left\{-\beta_1\left[\sigma-\left(1-\dfrac{1-\varphi_0}{1+\varepsilon_v}\left(\dfrac{1-K_Y(p-p_0)+\beta(T-T_0)+}{9V_m(1-\varphi_0)}\dfrac{}{}\right)\right)p\right]\right\}\end{cases} \quad (5\text{-}54)$$

当 $r\geqslant R_p(t)$ 时:

$$\begin{cases}\sigma_r^{ep}=\sigma_0-\dfrac{\sigma_0(\tan^2\theta-1)+\sigma_c}{\tan^2\theta+1}\dfrac{R_p^2(t)}{r^2}\\[4mm]\sigma_\theta^{ep}=\sigma_0+\dfrac{\sigma_0(\tan^2\theta-1)+\sigma_c}{\tan^2\theta+1}\dfrac{R_p^2(t)}{r^2}\\[4mm]\varepsilon_V=0\end{cases}$$

当 $R_{ps}(t)\leqslant r<R_p(t)$ 时:

$$\begin{cases}\sigma_r^p=\left[\dfrac{2\sigma_0}{\tan^2\theta+1}+\dfrac{2\sigma_c}{\tan^4\theta-1}+\dfrac{2M_0W(t)}{(\tan^2\theta-1)(\tan^2\theta+\alpha_1)}\right]\times\left[\dfrac{r}{R_p(t)}\right]^{\tan^2\theta-1}+\\[4mm]\qquad\left[\dfrac{2M_0W(t)}{(1+\alpha_1)(\tan^2\theta+\alpha_1)}\left(\dfrac{R_p(t)}{r}\right)^{1+\alpha_1}-\dfrac{2M_0W(t)}{(1+\alpha_1)(\tan^2\theta-1)}\right]-\dfrac{\sigma_c}{\tan^2\theta-1}\\[4mm]\sigma_\theta^p=\tan^2\theta\sigma_r^p+\sigma_c-\dfrac{2M_0W(t)}{1+\alpha_1}\left[\left(\dfrac{R_p(t)}{r}\right)^{1+\alpha_1}-1\right]\\[4mm]\varepsilon_V=2W(t)\dfrac{1-\alpha_1}{1+\alpha_2}\left[\left(\dfrac{R_p(t)}{r}\right)^{1+\alpha_1}+1\right]\end{cases}$$

当 $r_0\leqslant r<R_{ps}(t)$ 时:

$$\begin{cases}\sigma_r^{ps}=\dfrac{\sigma_{cs}}{\tan^2\theta-1}\left[\left(\dfrac{r}{r_0}\right)^{\tan^2\theta-1}-1\right]+p_i\left(\dfrac{r}{r_0}\right)^{\tan^2\theta-1}\\[4mm]\sigma_\theta^{ps}=\dfrac{\tan^2\theta\sigma_{cs}}{\tan^2\theta-1}\left[\left(\dfrac{r}{r_0}\right)^{\tan^2\theta-1}-1\right]+p_i\tan^2\theta\left(\dfrac{r}{r_0}\right)^{\tan^2\theta-1}+\sigma_{cs}\\[4mm]\varepsilon_V=2W(t)\left(\dfrac{R_p(t)}{R_{ps}(t)}\right)^{1+\alpha_1}\left\{1+\dfrac{2(\alpha_2-\alpha_1)}{(1+\alpha_1)(1+\alpha_2)}+\dfrac{(1-\alpha_2)}{(1+\alpha_2)}\left(\dfrac{R_p(t)}{r}\right)^{1+\alpha_1}\right\}-4W(t)\dfrac{(1-\alpha_2)}{(1+\alpha_1)}\end{cases}$$

5.7 巷道周围煤体瓦斯渗流规律数值模拟

5.7.1 计算模型及网格划分

以5.5.2小节煤层条件为基础,建立二维模型,模型长度为80.0 m,宽度为60.0 m,在煤层中部布置半径为3 m的巷道。计算模型及网格划分如图5-17所示。

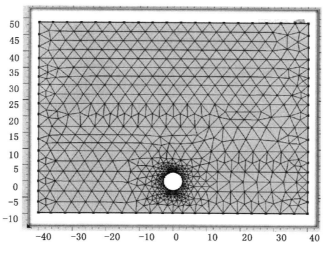

图 5-17　计算模型及网格划分（单位：m）

5.7.2　巷道周围煤体不同区域渗透率变化规律

由巷道周围煤体流-固耦合模型可知，影响煤层渗透率的主要因素是孔隙压力、应力、时间、煤体初始渗透率和煤体变形量。应用 Comsol-Multiphysics 软件研究巷道周围不同时间段内的煤体渗透率的变化规律。

如图 5-18 所示，巷道周围煤体的渗透率由巷帮向深部逐渐下降，初始时刻在巷帮附近为 0.43 mD，至深部下降为 0.032 mD。分析其原因可知：巷道的开挖改变了巷道周围煤体所处的原岩应力状态，使巷道周围煤体应力重新分布。在巷道开挖初期较短的时间内，巷帮附近形成较高的应力集中区，当应力集中值达到煤体的破坏强度后，该部分煤体发生屈服变

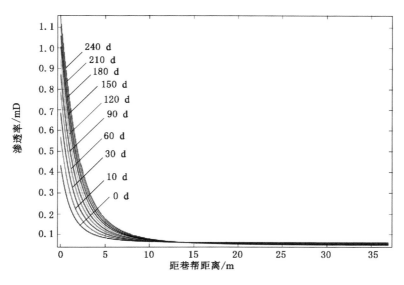

图 5-18　巷道周围煤体渗透率变化曲线

形,导致应力集中向深部煤体转移。随着时间的推移,从巷道壁向里依次形成卸压区、应力集中区和原始应力区。卸压区煤体经历过应力集中,煤体已经被破坏,煤体内孔隙裂隙连通或扩展,该区域煤体渗透能力高;而在深部煤体的应力集中区,煤体内孔隙裂隙逐渐被压缩,即该处的煤体渗透能力较低。图 5-18 中,随着时间的推移,渗透率也呈现出逐渐增大的趋势,如初始时刻渗透率为 0.43 mD,几个月后渗透率增大到 1.15 mD。

5.7.3　巷道周围煤体瓦斯压力分布规律

为研究不同应力条件下巷道周围煤体不同区域的瓦斯压力分布规律,本次模拟取应力值分别为 13.76 MPa、15.12 MPa 和 16.47 MPa(对应埋藏深度分别为 450 m、500 m 和 550 m),瓦斯压力为 1.2 MPa,巷道半径为 3.0 m。

从图 5-19 至图 5-21 可以看出,在瓦斯压力一定的情况下,随着埋藏深度的增加,卸压

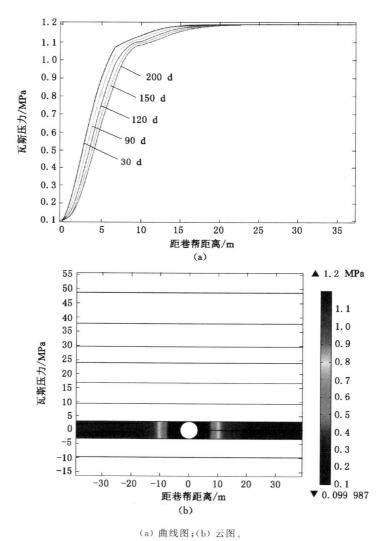

(a) 曲线图;(b) 云图。

图 5-19　巷道周围煤体瓦斯压力分布图(巷道埋藏深度为 450 m)

范围逐渐增大。巷道开挖后 $30 \sim 200$ d,埋藏深度为 450 m 时对应的卸压范围为 $8.02 \sim 8.82$ m,埋藏深度为 500 m 时对应的卸压范围为 $8.91 \sim 9.35$ m,埋藏深度为 550 m 时对应的卸压范围为 $9.66 \sim 10.01$ m。

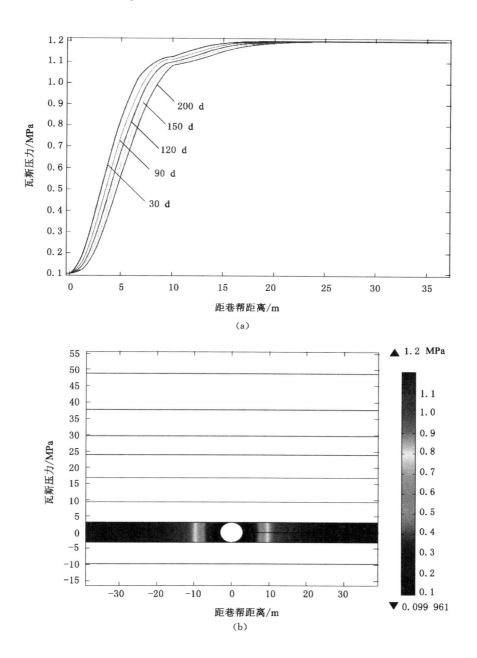

（a）曲线图；（b）云图。

图 5-20　巷道周围煤体瓦斯压力分布图（巷道埋藏深度为 500 m）

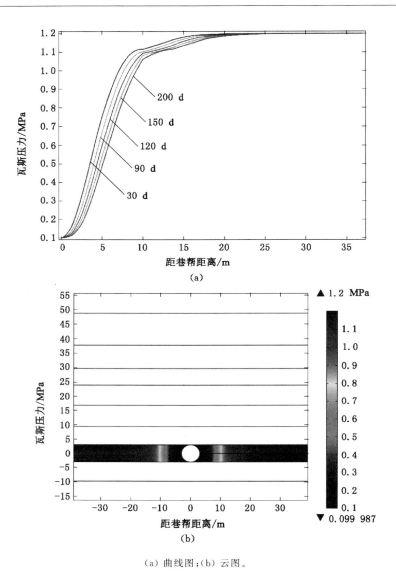

（a）曲线图；（b）云图。

图 5-21　巷道周围煤体瓦斯压力分布图（巷道埋藏深度为 550 m）

6 现场工程验证

通过前面的实验研究、理论分析和数值模拟,得到了巷道周围煤体的瓦斯渗流规律和卸压带宽度,而煤体渗透性又对瓦斯封存与排放、瓦斯压力分布起着重要作用。本章以此作为基准,利用钻屑法和瓦斯含量法测定巷道周围煤体的卸压范围和卸压范围内的瓦斯分布情况,以便验证数学模型正确与否。

6.1 试验地点概况

某矿主采二$_1$煤层,该煤层强度低,坚固性系数为 0.4;煤层瓦斯压力为 0.32~0.78 MPa;煤层瓦斯含量为 3.26~6.52 m³/t。除瓦斯含量指标外,其余指标均超过了相应的突出临界指标。2011 年,该矿井被鉴定为突出矿井。

6.2 现场测试分析

测定煤层卸压带宽度通常采用钻屑法和煤层瓦斯含量法。

由于矿山压力越大,钻孔钻屑量就越大,因此钻屑量是衡量矿山压力的一个重要指标。钻屑法可以作为煤与瓦斯突出危险性预测的方法。

根据前述分析,采掘活动会导致原岩应力重新分布,煤体渗透率随之改变,沿巷道径向方向依次分为渗流开放区、渗流定向区、渗流衰减区和原始渗流区。各个区域煤体的渗透能力各有差异,随着时间的延长,各个区域的煤层瓦斯含量各有差异。因此,可以用煤层瓦斯含量表征巷道周围煤体不同区域的瓦斯渗流规律。

6.2.1 巷道周围地应力分布规律

在现场施工钻孔时,自钻孔深度为 4 m 时开始测量钻屑量,每米测量1次,直到钻孔达到预定深度。利用同一钻孔在不同深度的钻屑量来判断巷道周围煤体的卸压范围。

从图 6-1 可以看出,1 号钻孔反映的巷道卸压带宽度为 9 m,2 号钻孔反映的巷道卸压带宽度为 10 m。

6.2.2 巷道周围煤体瓦斯流动规律

自钻孔深度为 4 m 时,根据煤层瓦斯含量测定方法测定煤层瓦斯含量,每 2 m 测试1 次,测试结果如图 6-2 所示。

由测试结果可以看出:测点 1 反映的卸压带宽度为 12 m 左右,测点 2 反映的卸压带宽度为 10 m 左右。

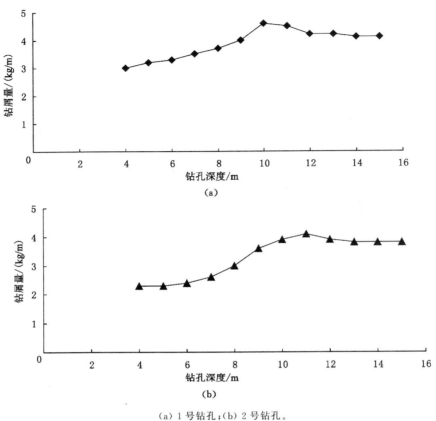

（a）1号钻孔；（b）2号钻孔。

图 6-1　不同孔深钻屑量变化曲线

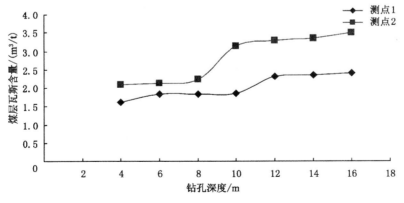

图 6-2　不同孔深煤层瓦斯含量变化曲线

参 考 文 献

[1] 梁冰.煤和瓦斯突出的固流耦合失稳理论的研究[D].沈阳:东北大学,1994.

[2] FARMER W I,POOLEY F D.A hypothesis to explain the occurrence of outbursts in coal,based on a study of West Wales outburst coal[J].International journal of rock mechanics and mining sciences & geomechanics abstracts,1967,4(2):189-193.

[3] 蒋承林,俞启香.煤与瓦斯突出机理的球壳失稳假说[J].煤矿安全,1995(2):17-25.

[4] 于不凡.煤和瓦斯突出机理[M].北京:煤炭工业出版社,1985:231-268.

[5] 贝尔.多孔介质流体动力学[M].李竞生,陈崇希,译.北京:中国建筑工业出版社,1984:100-205.

[6] 科林斯.流体通过多孔材料的流动[M].陈钟祥,吴望一,译.北京:石油工业出版社,1984:30-75.

[7] 苑莲菊,李振栓,武胜忠,等.工程渗流力学及应用[M].北京:中国建材工业出版社,2001:20-25.

[8] 黄运飞,孙广忠,成彬芳.煤—瓦斯介质力学[M].北京:煤炭工业出版社,1993.

[9] 郑哲敏.力学与生产建设[M].北京:北京大学出版社,1982:123-137.

[10] 郑哲敏,丁雁生.瓦斯突出的初步研究[C]//佚名.国际采矿科学技术讨论会采矿工程分会论文集.[出版地不详]:[出版者不详],1985.

[11] 周世宁.瓦斯在煤层中流动的机理[J].煤炭学报,1990,15(1):15-24.

[12] 梁冰,孙可明.低渗透煤层气开采理论及其应用[M].北京:科学出版社,2006.

[13] 杨其銮,王佑安.煤屑瓦斯扩散理论及其应用[J].煤炭学报,1986,11(3):62-70.

[14] 杨其銮.煤屑瓦斯放散随时间变化规律的初步探讨[J].煤矿安全,1986(4):3-11.

[15] SAGHAFI A,JEGER C,TAUZIEDE C,et al.A new computer simulation of in seam gas flow and its application gas emission prediction and gas drainage[C]//DAI Guo-quan.Proceedings of the 22nd International Conference of Safety in Mines Research Institutes.Beijing:China Coal Industry Publishing House,1987:147-160.

[16] 吴世跃.煤层瓦斯扩散与渗流规律的初步探讨[J].山西矿业学院学报,1994,12(3):259-263.

[17] 孙培德.煤层瓦斯流场流动规律的研究[J].煤炭学报,1987,12(4):74-82.

[18] 孙培德.煤层瓦斯流动理论及其应用[C]//佚名.中国煤炭学会1988年学术年会论文集.北京:煤炭工业出版社,1988:5.

[19] 罗新荣.煤层瓦斯运移物理模型与理论分析[J].中国矿业大学学报,1991,20(3):36-42.

[20] 姚宇平.煤层瓦斯流动的达西定律与幂定律[J].山西矿业学院学报,1992,10(1):32-37.

[21] SOMERTON W H,SÖYLEMEZOĞLU I M,DUDLEY R C.Effect of stress on

permeability of coal[J].International journal of rock mechanics and mining sciences & geomechanics abstracts,1975,12(5-6):129-145.

[22] HARPALANI S.Gas flow through stressed coal[D].Berkeley:University of California, Berkeley,1985.

[23] HARPALANI S,MOPHERSON M J.The effect of gas evacuation on coal permeability test specimens[J].International journal of rock mechanics and mining sciences & geomechanics abstracts,1984,21(3):361-364.

[24] GAWUGA J.Flow of gas through stressed carboniferous strata[D].Nottingham: University of Nottingham,1979.

[25] KHODOT V V.Role of methane in the stress state of a coalseam[J].Soviet mining science,1981,17(5):460-466.

[26] 刘保县,鲜学福,徐龙君,等.地球物理场对煤吸附瓦斯特性的影响[J].重庆大学学报 (自然科学版),2000,23(5):78-81.

[27] 王宏图,杜云贵,鲜学福,等.地球物理场中的煤层瓦斯渗流方程[J].岩石力学与工程学 报,2002,21(5):644-646.

[28] 王宏图,杜云贵,鲜学福,等.受地应力、地温和地电效应影响的煤层瓦斯渗流方程[J]. 重庆大学学报,2000,23(增刊):47-49.

[29] 易俊,姜永东,鲜学福.应力场、温度场瓦斯渗流特性实验研究[J].中国矿业,2007, 16(5):113-116.

[30] 王宏图,李晓红,鲜学福,等.地电场作用下煤中甲烷气体渗流性质的实验研究[J].岩石 力学与工程学报,2004,23(2):303-306.

[31] 孙培德.煤层气越流的固气耦合理论及其计算机模拟研究[D].重庆:重庆大学,1998.

[32] 孙培德,鲜学福.煤层气越流的固气耦合理论及其应用[J].煤炭学报,1999,24(1): 60-64.

[33] 孙培德.煤层气越流固气耦合数学模型的 SIP 分析[J].煤炭学报,2002,27(5):494-498.

[34] 孙培德.SUN 模型及其应用:煤层气越流固气耦合模型及可视化模拟[M].杭州:浙江 大学出版社,2002.

[35] 孙培德,万华根.煤层气越流固-气耦合模型及可视化模拟研究[J].岩石力学与工程学 报,2004,23(7):1179-1185.

[36] CHEN S,DOOLEN G D.Lattice boltzmann method for fluid flows[J].Annual review of fluid mechanics,1998(30):329-364.

[37] 郭照立,郑楚光,李青,等.流体动力学的格子 Boltzmann 方法[M].武汉:湖北科学技术 出版社,2002.

[38] SUCCI S.The lattice boltzmann equation for fluid dynamics and beyond[M].Oxford: Clarendon Press,2001.

[39] SUKOP M C,THORNE D T.Lattice boltzmann modeling:an introduction for geoscientists and engineers[M].Berlin:Springer,2006.

[40] 滕桂荣,谭云亮,高明.基于 Lattice Boltzmann 方法对裂隙煤体中瓦斯运移规律的模拟 研究[J].岩石力学与工程学报,2007,26(增刊1):3503-3508.

［41］滕桂荣,谭云亮,高明,等.基于 LBM 方法的裂隙煤体内瓦斯抽放的模拟分析［J］.煤炭学报,2008,33(8):914-919.

［42］朱益华,陶果,方伟,等.低渗气藏中气体渗流 Klinkenberg 效应研究进展［J］.地球物理学进展,2007,22(5):1591-1596.

［43］ALLEN M P,TILDESLEY D J.Computer simulation of liquids［M］.Oxford:Clarendon Press,1994.

［44］KOPLIK J,BANAVAR J R.Continuum deductions from molecular hydrodynamics［J］.Annual review of fluid mechanics,1995,27(1):257-292.

［45］李希建,蔡立勇,徐浩,等.基于分子动力学模拟研究煤层瓦斯流动的可行性初探［J］.煤矿安全,2008,39(7):84-87.

［46］LEVINE J R.Model study of the influence of matrix shrinkage on absolute permeability coalbed reservoirs［J］.Geological society publication,1996,109(1):197-212.

［47］ENEVER J R E,HENNING A.The relationship between permeability and effective stress for Australian coal and its implications with respect to coalbed methane exploration an reservoir modelling［C］//Proceedings of the 1997 International Coalbed Methane Symposium.Alabama:The University of Alabama Tuscaloosa,1997:13-22.

［48］林柏泉,周世宁.煤样瓦斯渗透率的实验研究［J］.中国矿业学院学报,1987(1):21-28.

［49］赵阳升,胡耀青,杨栋,等.三维应力下吸附作用对煤岩体气体渗流规律影响的实验研究［J］.岩石力学与工程学报,1999,18(6):651-653.

［50］ZHAO Y S,KANG T H,HU Y Q.The permeability classification of coal seam in China［J］.International journal of rock mechanics and mining sciences & geomechanics abstracts,1995,32(4):365-369.

［51］唐巨鹏,潘一山,李成全,等.有效应力对煤层气解吸渗流影响试验研究［J］.岩石力学与工程学报,2006,25(8):1563-1568.

［52］许江,鲜学福,杜云贵,等.含瓦斯煤的力学特性的实验分析［J］.重庆大学学报,1993,16(5):42-47.

［53］杜云贵.地球物理场中煤层瓦斯的渗流特性及瓦斯涌出规律的研究［D］.重庆:重庆大学,1993.

［54］谭学术,鲜学福,张广洋,等.煤的渗透性研究［J］.西安矿业学院学报,1994(1):21-25.

［55］程瑞端,陈海焱,鲜学福,等.温度对煤样渗透系数影响的实验研究［J］.煤炭工程师,1998(1):13-16.

［56］孙培德,凌志仪.三轴应力作用下煤渗透率变化规律实验［J］.重庆大学学报(自然科学版),2000,23(增刊):28-31.

［57］孙培德.变形过程中煤样渗透率变化规律的实验研究［J］.岩石力学与工程学报,2001,20(增刊):1801-1804.

［58］程瑞端.煤层瓦斯涌出规律及其深部开采预测的研究［D］.重庆:重庆大学,1995.

［59］张广洋,胡耀华,姜德义.煤的瓦斯渗透性影响因素的探讨［J］.重庆大学学报(自然科学版),1995,18(3):27-30.

［60］杨胜来,崔飞飞,杨思松,等.煤层气渗流特征实验研究［J］.中国煤层气,2005,2(1):

36-39.

[61] 李志强,鲜学福,隆晴明.不同温度应力条件下煤体渗透率实验研究[J].中国矿业大学学报,2009,38(4):523-527.

[62] 李志强,鲜学福.煤体渗透率随温度和应力变化的实验研究[J].辽宁工程技术大学学报(自然科学版),2009,28(增刊):156-159.

[63] 冯子军,万志军,赵阳升,等.高温三轴应力下无烟煤、气煤煤体渗透特性的试验研究[J].岩石力学与工程学报,2010,29(4):689-696.

[64] 杨新乐,张永利,李成全,等.考虑温度影响下煤层气解吸渗流规律试验研究[J].岩土工程学报,2008,30(12):1811-1814.

[65] 孙立东,赵永军,蔡东梅,等.应力场、地温场、压力场对煤层气储层渗透率影响研究:以山西沁水盆地为例[J].山东科技大学学报(自然科学版),2007,26(3):12-14.

[66] 曲方.原位状态煤体热解及力学特性的试验研究[D].徐州:中国矿业大学,2007.

[67] 张渊,赵阳升,万志军,等.不同温度条件下孔隙压力对长石细砂岩渗透率影响试验研究[J].岩石力学与工程学报,2008,27(1):53-58.

[68] 尹光志.岩石力学中的非线性理论与冲击地压预测的研究[D].重庆:重庆大学,1999.

[69] 尹光志,王登科,张东明,等.两种含瓦斯煤样变形特性与抗压强度的实验分析[J].岩石力学与工程学报,2009,28(2):410-417.

[70] 尹光志,李广治,赵洪宝,等.煤岩全应力-应变过程中瓦斯流动特性试验研究[J].岩石力学与工程学报,2010,29(1):170-175.

[71] 李小双,尹光志,赵洪宝,等.含瓦斯突出煤三轴压缩下力学性质试验研究[J].岩石力学与工程学报,2010,29(增1):3350-3358.

[72] 许江,张丹丹,彭守建,等.温度对含瓦斯煤力学性质影响的试验研究[J].岩石力学与工程学报,2011,30(增1):2730-2735.

[73] 曹树刚.煤岩的蠕变损伤、瓦斯渗流和煤与瓦斯突出关系的研究[D].重庆:重庆大学,2000.

[74] 曹树刚,鲜学福.煤岩蠕变损伤特性的实验研究[J].岩石力学与工程学报,2001,20(6):817-821.

[75] 章梦涛,潘一山,梁冰,等.煤岩流体力学[M].北京:科学出版社,1995.

[76] 梁冰,章梦涛,王泳嘉.含瓦斯煤的内时本构模型[J],岩土力学,1995(3):22-28.

[77] 梁冰.煤和瓦斯突出固流耦合失稳理论[M].北京:地质出版社,2000.

[78] 梁冰,章梦涛,潘一山,等.瓦斯对煤的力学性质及力学响应影响的试验研究[J].岩土工程学报,1995,17(5):12-18.

[79] 靳钟铭,赵阳升,贺军,等.含瓦斯煤层力学特性的实验研究[J].岩石力学与工程学报,1991,10(3):271-280.

[80] 赵阳升.矿山岩石流体力学[M].北京:煤炭工业出版社,1994.

[81] 赵阳升,胡耀青,赵宝虎,等.块裂介质岩体变形与气体渗流的耦合数学模型及其应用[J].煤炭学报,2003,28(1):41-45.

[82] 唐春安,王述红,傅宇方.岩石破裂过程数值试验[M].北京:科学出版社,2003.

[83] 徐涛,唐春安,宋力,等.含瓦斯煤岩破裂过程流固耦合数值模拟[J].岩石力学与工程学

报,2005,24(10):1667-1673.

[84] 李树刚,徐精彩.软煤样渗透特性的电液伺服试验研究[J].岩土工程学报,2001,23(1):68-70.

[85] 卢平,沈兆武,朱贵旺,等.含瓦斯煤的有效应力与力学变形破坏特性[J].中国科学技术大学学报,2001,31(6):686-692.

[86] 石必明,刘健,俞启香.型煤渗透特性试验研究[J].安徽理工大学学报(自然科学版),2007,27(1):5-8.

[87] 尹光志,李晓泉,赵洪宝,等.地应力对突出煤瓦斯渗流影响试验研究[J].岩石力学与工程学报,2008,27(2):2557-2561.

[88] 尹光志,李小双,赵洪宝,等.瓦斯压力对突出煤瓦斯渗流影响试验研究[J].岩石力学与工程学报,2009,28(4):697-702.

[89] 李树刚,钱鸣高,石平五.煤样全应力应变过程中的渗透系数—应变方程[J].煤田地质与勘探,2001,29(1):22-24.

[90] 王登科.含瓦斯煤岩本构模型与失稳规律研究[D].重庆:重庆大学,2009.

[91] 赵阳升,胡耀青.孔隙瓦斯作用下煤体有效应力规律的试验研究[J].岩土工程学报,1995,17(3):26-31.

[92] 杨永杰,楚俊,郇冬至,等.煤岩固液耦合应变-渗透率试验[J].煤炭学报,2008,33(7):760-764.

[93] 周世宁,孙辑正.煤层瓦斯流动理论及其应用[J].煤炭学报,1965,2(1):24-36.

[94] 郭勇义,周世宁.煤层瓦斯一维流场流动规律的完全解[J].中国矿业学院学报,1984(2):19-28.

[95] 谭学术,袁静.矿井煤层真实瓦斯渗流方程的研究[J].重庆建筑工程学院学报,1986(1):106-112.

[96] 孙培德.瓦斯动力学模型的研究[J].煤田地质与勘探,1993,21(1):33-39.

[97] SUN P D.Coal gas dynamics and its applications[J].Scientia geologica sinica,1994,3(1):83-90.

[98] 魏晓林.煤层瓦斯流动规律的实验和数值方法的研究[J].粤煤科技,1981(2):35-41.

[99] YU C,XIAN X.Analysis of gas seepage flow in coal beds with finite element method[C]//Symposium of 7th International Conference of FEM in Flow Problems.[S.l.]:[s.n.],1989.

[100] YU C,XIAN X.A boundary element method for inhomogeneous medium problems[C]//Proceedings:2nd World Congress on Computational Mechanics.[S.l.]:[s.n.],1990.

[101] 罗新荣.煤层瓦斯运移物理与数值模拟分析[J].煤炭学报,1992,17(2):49-55.

[102] 胡耀青,赵阳升,魏锦平.三维应力作用下煤体瓦斯渗透规律实验研究[J].西安矿业学院学报,1996,16(4):308-311.

[103] 林柏泉,周世宁.含瓦斯煤体变形规律的实验研究[J].中国矿业学院学报,1986(3):9-16.

[104] 姚宇平,周世宁.含瓦斯煤的力学性质[J].中国矿业学院学报,1988(1):1-7.

［105］苏承东,翟新献,李永明,等.煤样三轴压缩下变形和强度分析[J].岩石力学与工程学报,2006,25(增1):2963-2968.

［106］TERZAGHI K.Theoretical soil mechanics[M].New York:Wiley,1943.

［107］BIOT M A.General theory of three-dimension consolidation[J].Journal of applied physics,1941(12):155-164.

［108］BIOT M A.Theory of elasticity and consolidation for a porous anisotropic solid[J].Journal of applied physics,1954(26):182-191.

［109］BIOT M A.General solution of the equation of elasticity and consolidation for porous material[J].Journal of applied physics,1956(78):91-96.

［110］BIOT M A.Theory of deformation of porous viscoelastic anisotropic solid[J].Journal of applied physics,1956(5):203-215.

［111］VERRUJIT A.Elastic storage of aquifers[C]//Flow through Porous Media.New-York:Wiley,1969:5-65.

［112］董平川,徐小荷,何顺利.流固耦合问题及研究进展[J].地质力学学报,1999,5(1):17-26.

［113］孙培德,鲜学福.煤层瓦斯渗流力学的研究进展[J].焦作工学院学报(自然科学版),2001,20(3):161-167.

［114］JING L,HUDSON J A.Numerical methods in rock mechanics[J].International journal of rock mechanics and mining sciences & geomechanics abstracts,2002(6):409-427.

［115］RICE J R,CLEARY M P.Some basic stress diffusion solutions for fluid saturated elastic porous media with compressible constituents[J].Rev geophysics and space physics,1976,14(2):227-241.

［116］WONG S K.Analysis and implications of inset stress changes during steam stimulation of cold lake oil sands[J].SPE reservoir engineering,1988,3(1):55-61.

［117］SETTARI A,PUCHYR P J,BACHMAN R C.Partially decoupled modeling of hydraulic fracturing processes[J].SPE production engineering,1990(14):37-44.

［118］LEWIS R W,ROBERTS B J,SCHREFLER B A.Finite element modeling of two-phase heat and fluid flow in deforming porous media[J].Transport in porous media,1989(4):319-334.

［119］LEWIS R W,SUKIRMAN Y.Finite element modeling of three-phase flow in deforming saturated oil reservoirs[J].International journal for numerical & analytical methods in geomechanics,1993(17):577-598.

［120］BEAR J,TSANG C F,MARSILY G.Academic flow and contaminant transport in fractured rock[M].San Diego:Academic Press,1993.

［121］王自明.油藏热流固耦合模型研究及应用初探[D].成都:西南石油学院,2002.

［122］孔祥言,李道伦,徐献芝,等.热-流-固耦合渗流的数学模型研究[J].水动力学研究与进展(A辑),2005,20(2):269-275.

［123］赵阳升.煤体—瓦斯耦合数学模型及数值解法[J].岩石力学与工程学报,1994,13(3):

229-239.

[124] ZHAO Y S.New advances of block-fractured medium rock fluid mechanics［C］// Proceedings of Int Symp on Coupled Phenomena in Civil，Mining ＆ Petroleum Engineering.［S.l.］:［s.n.］,1999.

[125] 刘建军,刘先贵.煤储层流固耦合渗流的数学模型［J］.焦作工学院学报,1999(6): 397-401.

[126] 刘建军.煤层气热-流-固耦合渗流的数学模型［J］.武汉工业学院学报,2002(2):91-94.

[127] 汪有刚,刘建军,杨景贺,等.煤层瓦斯流固耦合渗流的数值模拟［J］.煤炭学报,2001, 26(3):285-289.

[128] 丁继辉,麻玉鹏,李凤莲.有限变形下固流多相介质耦合问题的数学模型及失稳条件 ［J］.水利水电技术,2004,35(11):18-21.

[129] 李祥春,郭勇义,吴世跃,等.考虑吸附膨胀应力影响的煤层瓦斯流-固耦合渗流数学模 型及数值模拟［J］.岩石力学与工程学报,2007,26(增 1):2743-2748.

[130] 李祥春,聂百胜,王龙康,等.煤层渗透性变化影响因素分析［J］.中国矿业,2011, 20(6):112-115.

[131] 尹光志,王登科,张东明,等.含瓦斯煤岩固气耦合动态模型与数值模拟研究［J］.岩土 工程学报,2008,30(10):1430-1436.

[132] 周晓军,宫敬.气-液两相瞬变流的流固耦合研究［J］.石油大学学报(自然科学版), 2002,26(5):123-126.

[133] 张玉军.气液二相非饱和岩体热-水-应力耦合模型及二维有限元分析［J］.岩土工程学 报,2007,29(6):901-906.

[134] 郭永存,王仲勋,胡坤.煤层气两相流阶段的热流固耦合渗流数学模型［J］.天然气工 业,2008,28(7):73-74.

[135] 陈正汉,王永胜,谢定义.非饱和土的有效应力探讨［J］.岩土工程学报,1994,16(3): 62-69.

[136] 徐永福,孙婉莹.我国膨胀土的分形结构的研究［J］.海河大学学报(自然科学版), 1997,25(1):18-23.

[137] 江伟川,南亚林.与孔隙水形态有关的非饱和土有效应力公式及其参数的定量［J］.岩 土工程技术,2003(1):1-4.

[138] ÉTTINGER I L.Swelling stress in the gas-coal system as an energy source in the development of gas burst［J］.Soviet mining science,1979,15(5):494-501.

[139] BORISENKO A A.Effect of gas pressure on stresses in coal strata［J］.Soviet mining science,1985,21(5):88-91.

[140] 李传亮,孔祥言,徐献芝,等.多孔介质的双重有效应力［J］.自然杂志,1999,21(5): 288-292.

[141] ST GEORGE J D,BARAKAT M A.The change in effective stress associated with shrinkage from gas desorption in coal［J］.International journal of coal geology,2001, 45(2-3):105-113.

[142] 吴世跃,赵文.含吸附煤层气煤的有效应力分析［J］.岩石力学与工程学报,2005,

24(10):1674-1678.

[143] 陶云奇.含瓦斯煤 THM 耦合模型及煤与瓦斯突出模拟研究[D].重庆:重庆大学,2009.

[144] 陶云奇.含瓦斯煤 THM 耦合模型建立[J].煤矿安全,2012,43(2):9-12.

[145] 海龙,梁冰,隋淑梅.考虑损伤作用计算多孔介质有效应力研究[J].力学与实践,2010,32(1):29-32.

[146] HARPALANI S,CHEN G L.Estimation of changes in fracture porosity of coal with gas emission[J].Fuel,1995,74(10):1491-1498.

[147] 方恩才,沈兆武,朱贵旺,等.含瓦斯煤的有效应力与力学变形破坏特征[J].中国科学技术大学学报,2001,31(6):686-693.

[148] 孙培德.变形过程中煤样渗透率变化规律的实验研究[J].岩石力学与工程学报,2001,20(增刊):1801-1804.

[149] 傅雪海,秦勇,张万红.高煤级煤基质力学效应与煤储层渗透率耦合关系分析[J].高校地质学报,2003,9(3):373-377.

[150] 李传亮,杜志敏,孔祥言,等.多孔介质的流变模型研究[J].力学学报,2003,35(2):230-234.

[151] 李培超,孔祥言,卢德唐.饱和多孔介质流固耦合渗流的数学模型[J].水动力学研究与进展(A辑),2003,18(4):419-426.

[152] 王学滨,宋维源,马剑,等.多孔介质岩土材料剪切带孔隙特征研究(1):孔隙度局部化[J].岩石力学与工程学报,2004,23(15):2514-2518.

[153] 王学滨,姚再兴,马剑,等.多孔介质岩土材料剪切带孔隙特征研究(2):最大孔隙比分析[J].岩石力学与工程学报,2004,23(15):2519-2522.

[154] ZHU W C,LIU J,SHENG J C,et al.Analysis of coupled gas flow and deformation process with desorption and Klinkenberg effects in coal seams[J].International journal of rock mechanics and mining science,2007,44(7):971-980.

[155] BARRY D A,LOCKINGTON D A,JENG D S,et al.Analytical approximations for flow in compressible,saturated,one-dimensional porous media[J].Advances in water resources,2007,30(4):927-936.

[156] 李春光,王水林,郑宏,等.多孔介质孔隙率与体积模量的关系[J].岩土力学,2007,28(2):293-296.

[157] 隆清明,赵旭生,孙东玲,等.吸附作用对煤的渗透率影响规律实验研究[J].煤炭学报,2008,33(9):1030-1034.

[158] 刘高.高地应力区结构性流变围岩稳定性研究[D].成都:成都理工大学,2001.

[159] 王学滨,潘一山,李英杰.围压对巷道围岩应力分布及松动圈的影响[J].地下空间与工程学报,2006,2(6):962-967.

[160] 董方庭,宋宏伟,郭志宏,等.巷道围岩松动圈支护理论[J].煤炭学报,1994,19(1):21-32.

[161] 靖洪文,付国彬,郭志宏.深井巷道围岩松动圈影响因素实测分析及控制技术研究[J].岩石力学与工程学报,1999,18(1):70-74.

[162] 付国彬,靖洪文,徐金海,等.巷道围岩松动圈随采深变化的规律[J].建井技术,1994(4-5):46-49,9.

[163] CAI M,KAISER P K.Assessment of excavation damaged zone using a micro-mechanics model[J].Tunnelling and underground space technology,2005,20(4):301-310.

[164] 周宏伟,谢和平,左建平.深部高地应力下岩石力学行为研究进展[J].力学进展,2005,35(1):91-99.

[165] 刘允芳,罗超文,龚壁新,等.岩体地应力与工程建设[M].武汉:湖北科学技术出版社,2000.

[166] 于学馥,郑颖人,刘怀恒,等.地下工程围岩稳定分析[M].北京:煤炭工业出版社,1983.

[167] 袁文伯,陈进.软化岩层中巷道的塑性区与破碎区分析[J].煤炭学报,1986(3):77-85.

[168] 刘夕才,林韵梅.软岩巷道弹塑性变形的理论分析[J].岩土力学,1994(2):27-36.

[169] 刘夕才,林韵梅.软岩扩容性对巷道围岩特性曲线的影响[J].煤炭学报,1994(6):596-600.

[170] 付国彬.巷道围岩破裂范围与位移的新研究[J].煤炭学报,1995,20(3):304-310.

[171] 范文,俞茂宏,孙萍,等.硐室形变围岩压力弹塑性分析的统一解[J].长安大学学报(自然科学版),2003,23(3):1-4.

[172] 翟所业,贺宪国.巷道围岩塑性区的德鲁克-普拉格准则解[J].地下空间与工程学报,2005,1(2):223-226.

[173] 马士进.软岩巷道围岩扩容软化变形分析及模拟计算[D].阜新:辽宁工程技术大学,2001.

[174] 王永岩.软岩巷道变形与压力分析控制及预测[D].阜新:辽宁工程技术大学,2001.

[175] 程立朝,陆庭侃.膨胀特性对软岩巷道围岩变形规律的影响研究[J].河南理工大学学报,2006,25(6):461-464.

[176] 高桐,谷栓成.锚喷支护与围岩相互作用关系问题的探讨[J].煤炭学报,1987(2):1-8.

[177] 于学馥.现代工程岩土力学基础[M].北京:科学出版社,1995.

[178] 范广勤.岩土工程流变力学[M].北京:煤炭工业出版社,1993.

[179] 金丰年.考虑时间效应的围岩特征曲线[J].岩石力学与工程学报,1997,16(4):344-353.

[180] 金丰年,浦奎英.关于粘弹性模型的讨论[J].岩石力学与工程学报,1995,14(4):355-361.

[181] 金丰年,范华林.岩石的非线性流变损伤模型及其应用研究[J].解放军理工大学学报(自然科学版),2000,1(3):1-2.

[182] 刘夕才.软岩巷道的粘弹性流变分析[J].矿山压力与顶板管理,1997(1):29-31.

[183] 张向东,李永靖,张树光,等.软岩蠕变理论及其工程应用[J].岩石力学与工程学报,2004,23(10):1635-1639.

[184] 万志军,周楚良,罗兵全,等.软岩巷道围岩非线性流变数学力学模型[J].中国矿业大学学报,2004,33(4):468-472.

[185] 万志军,周楚良,马文顶,等.巷道/隧道围岩非线性流变数学力学模型及其初步应用[J].岩石力学与工程学报,2005,24(5):761-767.

[186] 许江,彭守建,尹光志,等.含瓦斯煤热流固耦合三轴伺服渗流装置的研制及应用[J].岩石力学与工程学报,2010,29(5):907-914.

[187] 彭永伟,齐庆新,邓志刚,等.考虑尺度效应的煤样渗透率对围压敏感性试验研究[J].煤炭学报,2008,33(5):509-513.

[188] SEIDAL J P.Experimental measurement of coal matrix shrinkage due to gas desorption and implication for cleat permeability increase[C]//Proceedings Int Meeting of Petroleum Eng.[S.l.]:[s.n.],1995.

[189] HARPALANI S,SCHRAUFNAGEL R A.Shrinkage of coal matrix with release of gas and its impact on permeability of coal[J].Fuel,1990,69(5):551-556.

[190] BUTT S D.Development of an apparatus to study the gas permeability and acoustic emission characteristics of an outburst-prone sandstone as a function of stress[J].International journal of rock mechanics and mining sciences,1999,36(8):1079-1085.

[191] STEVE ZOU D H,YU C X,XIAN X F.Dynamic nature of coal permeability ahead of a longwall face[J].International journal of rock mechanics and mining sciences,1999,36(5):693-699.

[192] 吴世跃.煤层气与煤层耦合运动理论及其应用的研究[D].沈阳:东北大学,2006.

[193] 王道成,李闽,谭建为,等.气体低速非线性渗流研究[J].大庆石油地质与开发,2007,26(6):74-77.

[194] 吴金随.多孔介质里流动阻力分析[D].武汉:华中科技大学,2007.

[195] 曹树刚,郭平,李勇,等.瓦斯压力对原煤渗透特性的影响[J].煤炭学报,2010,35(4):595-599.

[196] 孔祥言.高等渗流力学[M].合肥:中国科学技术大学出版社,1999.

[197] KLINKENBERG L J.The permeability of porous media to liquids and gases[C]//Drill Production Practices.New York:American Petroleum Institute,1941:200-213.

[198] CHAN D Y C,HUGHES B D,PATERSON L.Transient gas flow around the boreholes[J].Transport in porous media,1993,10(2):137-152.

[199] DE VILLE A.On the properties of compressible gas flow in a porous media[J].Transport in porous media,1996,22(3):287-306.

[200] 于丽艳,潘一山,肖晓春,等.低渗煤层气藏气体 KlinKenberg 效应试验研究[J].水资源与水工程学报,2011,22(2):15-19.

[201] 王茜,张烈辉,钱治家,等.考虑科林贝尔效应的低渗、特低渗气藏数学模型[J].天然气工业,2003,23(6):100-102.

[202] RANDOLPH P L,SOEDER D J,CHOWDIAH P.Porosity and permeability of tight sands[C]//SPE/DOE/GRI Unconventional Gas Recovery Symposium.Pittsburgh:[s.n.],1984:13-15.

[203] 陈卫忠,杨建平,伍国军,等.低渗透介质渗透性试验研究[J].岩石力学与工程学报,2008,27(2):236-243.

[204] 杨建平,陈卫忠,田洪铭,等.应力-温度对低渗透介质渗透率影响研究[J].岩石力学,2009,30(12):3587-3594.

[205] 周世宁,林柏泉.煤层瓦斯赋存与流动理论[M].北京:煤炭工业出版社,1999.

[206] 王登科,刘建,尹光志,等.突出危险煤渗透性变化的影响因素探讨[J].岩土力学,2010,31(11):3469-3474.

[207] 郭平.基于含瓦斯煤体渗流特性的研究及固—气耦合模型的构建[D].重庆:重庆大学,2010.

[208] BODDEN W R,EHRLICH R.Permeability of coals and characteristics of desorption tests: implications for coal-bed methane production[J].International journal of coal geology,1998,359(1-4):333-347.

[209] 殷黎明,杨春和,王贵宾,等.地应力对裂隙岩体渗流特性影响的研究[J].岩石力学与工程学报,2005,24(17):3071-3075.

[210] 彭守建,许江,陶云奇,等.煤样渗透率对有效应力敏感性实验分析[J].重庆大学学报,2009,32(3):303-307.

[211] 梁冰,高红梅,兰永伟.岩石渗透率与温度关系的理论分析和试验研究[J].岩石力学与工程学报,2005,24(12):2009-2012.

[212] 冉启全,李士伦.流固耦合油藏数值模拟中物性参数动态模型研究[J].石油勘探与开发,1997,24(3):61-65.

[213] 陈波,李宁,禚瑞花.多孔介质的变形场-渗流场-温度场耦合有限元分析[J].岩石力学与工程学报,2001,20(4):467-472.

[214] 贺玉龙,杨立中.温度和有效应力对砂岩渗透率的影响机理研究[J].岩石力学与工程学报,2005,24(14):2420-2427.

[215] 刘均荣,秦积舜,吴晓东.温度对岩石渗透率影响的实验研究[J].石油大学学报(自然科学版),2001,25(4):51-53.

[216] 郝振良,马捷,王明育.热应力作用下的有效压力对多孔介质渗透系数的影响[J].水动力学研究与进展,2003,18(6):792-796.

[217] 李祥春,聂百胜,何学秋,等.瓦斯吸附对煤体的影响分析[J].煤炭学报,2011,36(12):2035-2038.

[218] HU G Z,WANG H T,TAN H X,et al.Gas seepage equation of deep mined coal seams and its application[J].Journal of China University of Mining and Technology,2008,18(4):483-487.

[219] 桑树勋,朱炎铭,张时音,等.煤吸附气体的固气作用机理(Ⅰ):煤孔隙结构与固气作用[J].天然气工业,2005,25(1):13-15.

[220] 傅雪海,秦勇,张万红.基于煤层气运移的煤孔隙分形分类及自然分类研究[J].科学通报,2005,50(增刊1):51-55.

[221] 孙波,王魁军,张兴华.煤的分形孔隙结构特征的研究[J].煤矿安全,1999(1):38-40.

[222] 亓中立.煤的孔隙系统分形规律的研究[J].煤矿安全,1994(6):2-5.

[223] 徐龙君,张代钧,鲜学福.煤微孔的分形结构特征及其研究方法[J].煤炭转化,1995,18(1):31-38.

[224] 张慧,王晓刚.煤的显微构造及其储集性能[J].煤田地质与勘探,1998,26(6):33-36.

[225] 张胜利.煤层割理及其在煤层气勘探开发中的意义[J].煤田地质与勘探,1995,23(4):27-31.

[226] 霍永忠,张爱云.煤层气储层的显微孔裂隙成因分类及其应用[J].煤田地质与勘探,1998,26(6):28-32.

[227] 王生维,陈钟惠.煤储层孔隙、裂隙系统研究进展[J].地质科技情报,1995,14(1):53-59.

[228] 吴俊.中国煤成烃基本理论与实践[M].北京:煤炭工业出版社,1994.

[229] 秦勇.中国高煤级煤的显微岩石学特征及结构演化[M].徐州:中国矿业大学出版社,1994.

[230] 钟玲文,张慧,员争荣,等.煤的比表面积、孔体积及其对煤吸附能力的影响[J].煤田地质与勘探,2002,30(3):26-29.

[231] 叶建平,秦勇,林大扬.中国煤层气资源[M].徐州:中国矿业大学出版社,1998.

[232] 王桂荣,王富民,辛峰,等.利用分形几何确定多孔介质的孔尺寸分布[J].石油学报,2002,18(3):86-91.

[233] 姜兆华,孙德智,邵光杰.应用表面化学与技术[M].哈尔滨:哈尔滨工业大学出版社,2000:30-60.

[234] 谈慕华,黄蕴元.表面物理化学[M].北京:中国建筑工业出版社,1985:29-55.

[235] 亚当森 A W.表面的物理化学:上册[M].顾惕人,译.北京:科学出版社,1984:277-283.

[236] LEVY J H,DAY S J,KILLINGLEY J S.Methane capacities of Bowen basin coals related to coal properties[J].Fuel,1997,76(9):813-819.

[237] 陶云奇,许江,彭守建,等.含瓦斯煤孔隙率和有效应力影响因素试验研究[J].岩土力学,2010,31(11):3417-3422.

[238] SHI J Q,DURUCAN S.Drawdown induced changes in permeability of coalbeds:a new interpretation of the reservoir response to primary recovery[J].Transport in porous media,2004,56(1):1-16.

[239] 郝富昌.基于多物理场耦合的瓦斯抽采参数优化研究[D].北京:中国矿业大学(北京),2012.

[240] 许江,尹光志,鲜学福,等.煤与瓦斯突出潜在危险区预测的研究[M].重庆:重庆大学出版社,2004.

[241] 李传亮.多孔介质的有效应力及其应用研究[D].合肥:中国科学技术大学,2000.

[242] 李传亮.多孔介质应力关系方程[J].应用基础与工程科学学报,1998,6(2):145-148.

[243] 徐献芝,李培超,李传亮.多孔介质有效应力原理研究[J].力学与实践,2001,23(4):42-45.

[244] 李兆霞.损伤力学及其应用[M].北京:科学出版社,2002.

[245] 吴鸿遥.损伤力学[M].北京:国防工业出版社,1990.

[246] 高红梅,梁冰,兰永伟.煤的渗透率与应变变化关系的实验研究[J].中国科学技术大学学报,2004,34(增刊):417-422.

[247] 蔡美峰,何满潮,刘东燕.岩石力学与工程[M].北京:科学出版社,2002.

[248] 邓荣贵,周德培,张倬元,等.一种新的岩石流变模型[J].岩石力学与工程学报,2001, 20(6):780-784.

[249] 韦立德,徐卫亚,朱珍德,等.岩石粘弹塑性模型的研究[J].岩土力学,2002,23(5): 583-586.

[250] 曹树刚,边金,李鹏.岩石蠕变本构关系及改进的西原正夫模型[J].岩石力学与工程学报,2002,21(5):632-634.

[251] 陈沅江,潘长良,曹平,等.软岩流变的一种新力学模型[J].岩土力学,2003,24(2): 209-214.

[252] 王来贵,何峰,刘向峰,等.岩石试件非线性蠕变模型及其稳定性分析[J].岩石力学与工程学报,2004,23(10):1640-1642.

[253] 徐卫亚,杨圣奇,褚卫江.岩石非线性黏弹塑性流变模型(河海模型)及其应用[J].岩石力学与工程学报,2006,25(3):433-447.

[254] 杨彩红,毛君,李剑光.改进的蠕变模型及其稳定性[J].吉林大学学报(地球科学版), 2008,38(1):92-97.

[255] 郑颖人,刘怀恒.隧洞粘弹塑性分析及其在锚喷支护中的应用[J].土木工程学报, 1982,15(4):73-78.

[256] 姚国圣,李镜培,谷拴成.考虑岩体扩容和塑性软化的软岩巷道变形解析[J].岩土力学,2009,30(2):463-467.

[257] 何满潮,景海河,孙晓明.软岩工程力学[M].北京:科学出版社,2002.

[258] 郑颖人,沈珠江,龚晓南.岩土塑性力学原理[M].北京:中国建筑工业出版社,2002.

[259] 徐芝纶.弹性力学[M].北京:高等教育出版社,2005.

[260] 杨伯源,张义同.工程弹塑性力学[M].北京:机械工业出版社,2003.

[261] 许兴亮,张农,曹胜根.动压巷道围岩渗流场的空间分布特征[J].煤炭学报,2009, 34(2):163-168.